Jose R. Parga
Josue Chaidez
Jesus Valenzuela

Estudio cinético y termodinámica de la recuperación de oro y plata

Jose R. Parga
Josue Chaidez
Jesus Valenzuela

Estudio cinético y termodinámica de la recuperación de oro y plata

Recuperacion de oro y plata de minerales sulfurosos

Editorial Académica Española

Imprint

Cover image: www.ingimage.com

Publisher:
Editorial Académica Española
is a trademark of
Dodo Books Indian Ocean Ltd., member of the OmniScriptum S.R.L Publishing group
str. A.Russo 15, of. 61, Chisinau-2068, Republic of Moldova Europe
Printed at: see last page
ISBN: 978-620-3-87652-9

INDICE

LISTA DE TABLAS

LISTA DE FIGURAS

RESUMEN

En la actualidad cerca del 80% de los concentrados de calcopirita en el mundo se procesan por el medio pirometalúrgico (tostación, fundición y refinación). Esta metodología genera polvo y emisiones de dióxido de azufre (SO_2) y carbono (CO_2) al ambiente; causando problemas en su control y procesamiento para producir ácido sulfúrico. Además, otro de los inconvenientes de los procesos pirometalúrgicos es que requieren de una alta inversión y de una capacidad por encima de las 100,000 t/año de cobre.

Bajo esta perspectiva ambiental y económica, es importante el desarrollo de nuevas tecnologías que permitan obtener cobre de alta pureza y la recuperación de los valores como oro y plata. Hoy en día, muchas compañías mineras dependen de otras compañías para el procesamiento de concentrados de cobre, provocando un incremento en los costos de producción.

El presente estudio propone el desarrollo de un nuevo proceso para la lixiviación directa de los concentrados de calcopirita fundamentado en las bases termodinámicas y metalúrgicas. Como principal objetivo se muestra la generación de productos comerciables y residuos estables al medio ambiente. El proceso comprende 5 etapas que a continuación se describen:

(1) **Lixiviación directa de calcopirita a baja presión**. Se presenta el efecto del contenido de ácido sulfúrico inicial, distribución de tamaño de partícula y temperatura con respecto a la extracción de cobre del concentrado de calcopirita, además se analizó la cinética de lixiviación y efecto de las variables de manera estadística.

(2) **Enfriamiento**. Se ha evaluado la precipitación de plata del residuo de la etapa de lixiviación directa, partiendo de la disminución de la temperatura y el potencial óxido-reducción.

(3) **Remoción de azufre elemental**. Esta etapa se compone de la disolución selectiva del azufre elemental presente en el residuo de lixiviación directa que contiene valores, considerando la temperatura y concentración de tetracloroetileno como las variables principales en la extracción de azufre elemental del residuo de lixiviación.

(4) **Recuperación de valores**. Se presenta un proceso convencional de lixiviación a presión con cianuro; considerando las principales variables a la temperatura y concentración de cianuro de sodio con respecto a la extracción de oro y plata del residuo sin azufre elemental de la lixiviación directa de calcopirita.

(5) **Purificación de hierro**. Con el fin de remover el hierro de la solución obtenida de la lixiviación directa, se ha considerado realizar una neutralización evaluando diferentes agentes neutralizantes y pH final, con el objetivo es precipitar el hierro en solución minimizando las pérdidas de cobre.

A partir de los resultados obtenidos se ha establecido la ingeniería conceptual del proceso, con base en los fundamentos experimentales termodinámicos, cinéticos y estadísticos, en la siguiente imagen se muestra el diagrama de bloques del proceso.

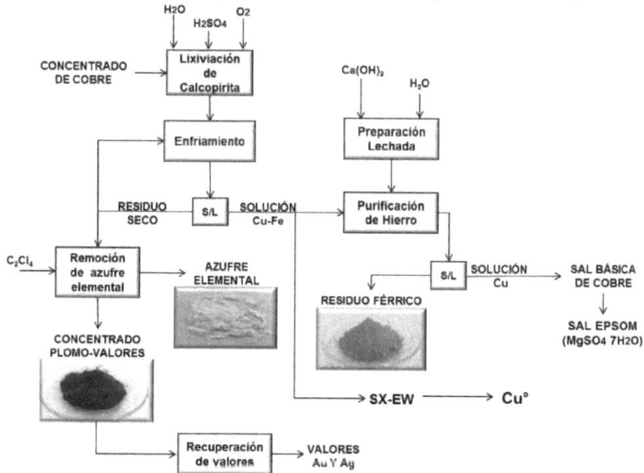

Diagrama de bloques del proceso

ABSTRACT

Actually, the pyrometallurgical process treats the 80% of the chalcopyrite concentrates produced in the world. This method liberates dust, SO_2 and CO_2 to the environment, causing control and treatment problems to produce sulfuric acid. Additionally, the melting processes requires a high invest since the capacity plants have to be above the 100,000 t/year of copper.

Under this perspective, it is important the development of new sustainable and profitable technologies, that can obtain high purity copper and gold and silver recovery. Today, the mining industry depends to other companies to process the copper concentrates, provoking an increase in the production costs.

Thus, the present study proposes a technological development of a new hydrometallurgical process of direct copper leaching funded in thermodynamics and metallurgical basis. The principal objective is to obtain commercial products and stabilized residues. The process contains five stages that are describe below:

(1) **Low pressure chalcopyrite leaching**. In this stage, the effect of initial sulfuric acid concentration, particle size distribution and temperature with the copper extraction as a response variable is shown. Moreover, the kinetics and statistical analysis of variance were carried out.

(2) **Cooling**. It is evaluated the precipitation of silver from the leach residue, considering a lower temperature than the direct leaching and oxide-reduction potential.

(3) **Removal of elemental sulfur**. This stage is compose by a selective dissolution of elemental sulfur from the leach residue that contains valuable metals, regarding the temperature and perchloroethylene concentration as main variables in the extraction of elemental sulfur.

(4) **Recuperación de valores**. Se presenta un proceso convencional de lixiviación a presión con cianuro; considerando las principales variables a la temperatura y concentración de cianuro de sodio con respecto a la extracción de oro y plata del residuo sin azufre elemental de la lixiviación directa de calcopirita.

(4) **Noble metals recovery**. It is present a conventional pressure cyanide leaching, regarding as a main variables the temperature and sodium cyanide concentration over the gold and silver extraction.

(5) **Iron purification**. With the objective to remove iron from the solution of the direct leaching, a neutralizing stage is shown, evaluating different neutralizing agents and final pH as the most important variables in the precipitation of iron from the solution reducing the copper losses.

The objective is to establish the conceptual process engineering based on the thermodynamic, kinetic and statistic fundaments. the block diagram of the process is shown in the next image.

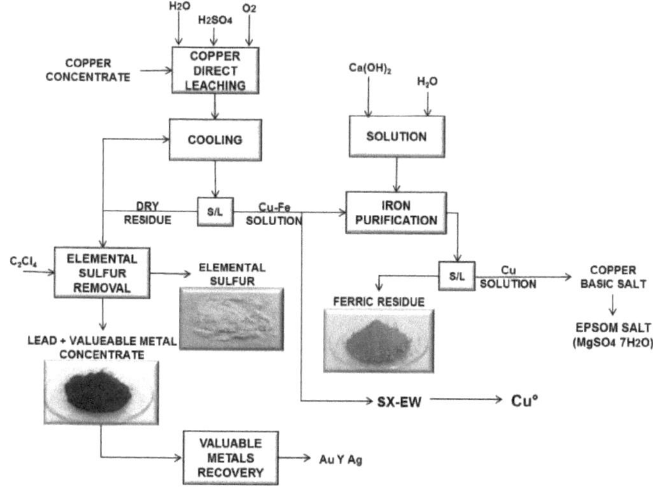

Block Diagram of the Process

OBJETIVOS

El proceso hidrometalúrgico para el tratamiento de concentrado de calcopirita considera los siguientes objetivos:

- Realizar una revisión bibliográfica de: lixiviación de cobre a partir de concentrados de cobre, precipitación de hierro en soluciones de medio ácido-sulfato, solubilidad de plata en medios ácidos-sulfato, recuperación de valores con cianuro de sodio de residuos de lixiviación y remoción de azufre elemental con solventes orgánicos.
- Definir y evaluar las principales variables a estudiar en cada etapa del proceso hidrometalúrgico.
    - Establecer y comparar la cinética de lixiviación de cobre a partir de concentrados de calcopirita.

I. INTRODUCCIÓN

La calcopirita es el mineral sulfuroso de cobre más abundante en la corteza terrestre, generalmente, se encuentra asociada a otros compuestos como la galena, esfalerita, pirita [(1)], sulfuros de arsénico, antimonio o bismuto [(2)]; y entre los metales de valor que contiene, destaca la plata y el oro. La calcopirita es un mineral refractario que hace difícil su tratamiento por la vía hidrometalúrgica [(3)].

Cerca del 80% de los concentrados de calcopirita en el mundo se procesan por el medio pirometalúrgico. El método genera polvo y emisiones de dióxido de azufre (SO_2) al ambiente, este último causa problemas en su control y procesamiento para producir ácido sulfúrico. Además, los procesos de fundición requieren de una alta inversión y de una capacidad por encima de las 100,000 t/año de cobre. Bajo esta perspectiva, es importante el desarrollo de nuevas tecnologías sustentables y rentables que permitan obtener cobre de alta pureza [(4)].

Hoy en día, las empresas mineras dependen de otras empresas para el procesamiento de concentrados de cobre, provocando un incremento en los costos de producción. El presente estudio tiene por objetivo desarrollar y evaluar un proceso hidrometalúrgico para el tratamiento de concentrados de calcopirita, con el principal objetivo de generar productos comerciables, residuos estables y que permita integrar los valores de oro, plata y plomo en un concentrado.

Los concentrados de calcopirita de las compañías, son subproducto generado por la flotación selectiva de los procesos extractivos. Están constituidos por: calcopirita ($CuFeS_2$), esfalerita (ZnS), galena (PbS), sílice (SiO_2) y carbonatos y sulfatos de calcio ($CaCO_3$ y $CaSO_4$, respectivamente).

Por lo anterior, las decisiones en los campos de la minería y procesamiento de minerales; se han enfocado a incrementar su eficiencia. Existen diversos desarrollos tecnológicos en el área hidrometalúrgica que proponen el procesamiento de los concentrados de calcopirita por medio de lixiviación [(2)]:

- En campo (*In situ*, In place, heap leaching, dump leaching, etc...);
- Con asistencia bacteriana (biolixiviación) y;
- En tanques agitados con o sin presión de oxígeno.

Éste último se encuentra entre los principales estudios con patentes desarrolladas por las empresas como: Beijing Nonferrous Metal, JX Nippon Mining & Metals, Freeport McMoran, Freeport Minerals, Phelps Dodge, Outotec, BHP Billiton, etc... [(4)]

México, en la producción de artículos científicos relacionados con la lixiviación de calcopirita, aporta el 2% a nivel mundial y se encuentra en el 13vo. Lugar después de China (22%), Australia (10%), EUA (9%), Canadá (9%), Sudáfrica (5%), Irán (5%), Chile (5%), Turquía (4%), etc... [(4)]

Los avances en la literatura científica muestran una tendencia favorable al desarrollo de procesos de biolixiviación y el uso de bacterias como: acidithiobacillus ferrooxidans y thiobacillus ferrooxidans [(4)].

El presente proyecto tiene como objetivo establecer los criterios de operación y filosofía de control, verificados a nivel laboratorio del concepto del proceso de lixiviación de concentrados de calcopirita a baja presión con oxígeno, con base en los fundamentos termodinámicos y cinéticos.

II. MARCO TEÓRICO

La calcopirita es el mineral sulfuroso de cobre más abundante en la corteza terrestre, generalmente, se encuentra asociada a otros compuestos como la galena, esfalerita, pirita [1], sulfuros de arsénico, antimonio [5] o bismuto [2]; y entre los metales de valor que contiene, destaca la plata y el oro. La calcopirita es un mineral refractario que hace difícil su tratamiento por la vía hidrometalúrgica [3].

La concentración de cobre (óxido o sulfuro) en el mineral es baja, varía de 0.5% en minas cielo abierto y de 1-2% en minas subterráneas. Se estima que en 4 años los concentrados de calcopirita de baja ley serán el 80% de la producción de cobre a nivel internacional [6].

Hoy en día, la obtención de cobre en el mundo proviene sobre todo de menas de sulfuros de baja ley. Cerca del 85% de los concentrados de calcopirita en el mundo se procesan por el medio pirometalúrgico. El material se concentra por flotación, después se realiza una fusión para generar matte; seguido por la conversión y un afino térmico-electrolítico para obtener una calidad de cobre London Metal Exchange (LME) [2] [1].

El método genera polvo y emisiones de dióxido de azufre (SO_2) al ambiente, este último causa problemas en su control y procesamiento para producir ácido sulfúrico. Además, los procesos de fundición requieren de una alta inversión y de una capacidad por encima de las 100,000 t/año de cobre. Bajo esta perspectiva, es importante el desarrollo de nuevas tecnologías sustentables y rentables que permitan obtener cobre de alta pureza [4].

Esta situación ha desembocado en la necesidad de acciones concertadas de investigación y desarrollo en los campos de la minería y procesamiento de minerales; enfocadas a incrementar las recuperaciones, disminuir los costos y los problemas generados al medio ambiente.

2.1. PERSPECTIVA DE LA MINERÍA DE COBRE

2.1.1. Compañías mineras.

En los últimos años, la industria minera de cobre ha incrementado la productividad, desarrollando nuevas tecnologías para mejorar la recuperación de valores en sus procesos.

El pronóstico del grupo minero de Peñoles del 2016-2020 contempla producir 54,538 toneladas de concentrado de cobre (t [Cu]) en sus principales minas. Minera Sabinas aportará 19,248 t/año [Cu], con un contenido de plata de 2,608 g/t y 21.6 %Cu; Velardeña producirá 7,255 t/año [Cu], con 4.47 g/t de oro, 354.2 g/t de plata y 21 %Cu; además la minera Bismark 5,128 t/año [Cu], con un contenido de 490 g/t de plata y 25.6 %Cu; la Minera Tizapa producirá 2,854 t/año [Cu], con 10.35 g/t de oro, 11,735 g/t de plata y 26.2 %Cu; Rey de Plata con 17,133 t/año, con un contenido de cobre de 25.86 %, 10.76 g/t de oro, 2,951 g/t de plata; y la Minera Madero 2,920 t/año [Cu], con un contenido de 704.4 g/t de plata y 15 %Cu. El pronóstico de la producción de concentrados de cobre en los siguientes 4 años de algunas compañías mineras, se muestra en la figura 2.1.

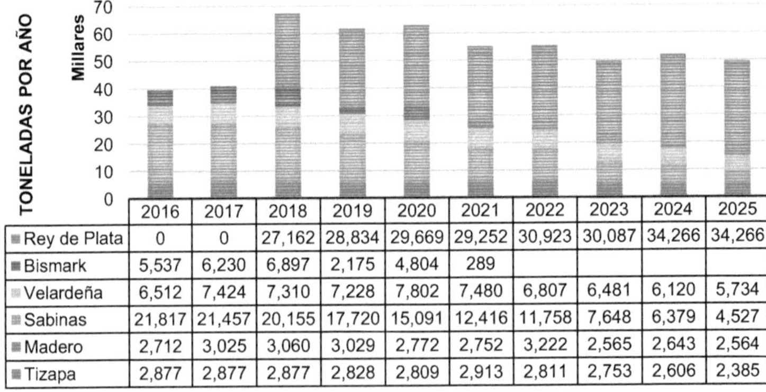

	2016	2017	2018	2019	2020	2021	2022	2023	2024	2025
Rey de Plata	0	0	27,162	28,834	29,669	29,252	30,923	30,087	34,266	34,266
Bismark	5,537	6,230	6,897	2,175	4,804	289				
Velardeña	6,512	7,424	7,310	7,228	7,802	7,480	6,807	6,481	6,120	5,734
Sabinas	21,817	21,457	20,155	17,720	15,091	12,416	11,758	7,648	6,379	4,527
Madero	2,712	3,025	3,060	3,029	2,772	2,752	3,222	2,565	2,643	2,564
Tizapa	2,877	2,877	2,877	2,828	2,809	2,913	2,811	2,753	2,606	2,385

Figura 2.1.- Pronóstico de la producción de concentrados de cobre en los próximos 5 años en compañias mineras.

2.1.2.Nacional

En el 2016, en México, el estado con mayor producción de cobre fue Sonora con 403,860 t; seguido por Zacatecas con 46,778 t; San Luis Potosí 24,622 t y Chihuahua con 18,580. El restante se registró en Durango, Guerrero, Estado de México, Hidalgo, Oaxaca, Michoacán, Querétaro, Sinaloa y otras entidades (7).

La demanda industrial y el crecimiento de sectores claves como la industria de la construcción, tecnológica y automotriz aumentaron los pedidos de cobre de manera interna. Además, Estados Unidos, el principal socio comercial de México, expandió el consumo del metal en un 7.5% (8).

Según información de la Copper Survey 2015 de Thomson Reuters, en el 2013 México se ubicó en el puesto 11 de los países con mayor producción de cobre; sin embargo en 2014 superó a Indonesia y escaló al décimo lugar de productores del mineral (9) con una extracción de 522,000 t de cobre, 11% más que lo reportado en el 2013 (8).

En el listado de empresas, Southern Copper, de Grupo México, con operaciones en México y Perú, terminó el año pasado en el número cinco de las mayores productoras del metal en el mundo, con una producción de 665,000 t, superando a empresa como Rio Tinto PLC, la mayor empresa de cobre en Australia, la cual tuvo una extracción de 636,000 t (9). En la gráfica de la figura 2.2, se puede observar la producción y el precio del cobre en México, según la secretaría de economía del gobierno federal.

2.1.3.Internacional

Alrededor de la mitad del cobre producido, a nivel mundial, es consumido por la industria eléctrica y una cuarta parte en la construcción. Sus aleaciones principales: latones (Cu-Zn), bronces (Cu-Sn), cuproaluminios (Cu-Al), etc.; se emplean ampliamente en la industria naval y en conducciones diversas aprovechando su resistencia a la corrosión.

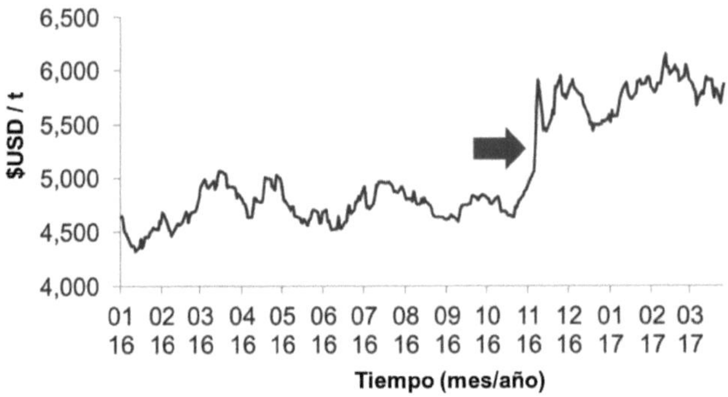

Figura 2.2.- Precio del cobre del año 2016 al 2017 (10).

El precio del cobre ha incrementado considerablemente en el último año. Esto se debe principalmente al mejorarse la estabilidad de China y al incremento de 2% en la demanda internacional del cobre (10).

La producción internacional de cobre está encabezada por la minera estatal Codelco con un 1,841,000 t/año; seguida por la estadounidense Freeport-McMoRan Inc., con 1,470,000 t/año; la suiza Glencore plc, con 1,296,000 t/año; y la inglesa BHP Billiton Ltd, con 1,203,000 t/año. Ésta última es considerada la minera más grande del mundo, con proyectos de extracción de oro, plata, cobre y otros metales (8).

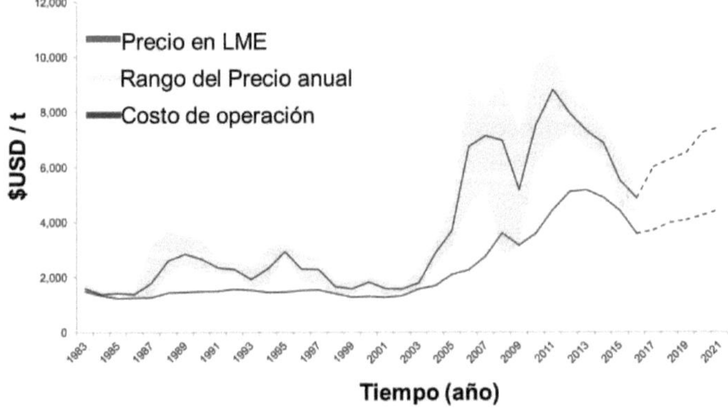

Figura 2.3.- Precio del cobre a nivel internacional de 1983 a julio del 2021 (10).

En la gráfica de la figura 2.3, se observa la disminución del precio del cobre a nivel internacional (del 2011 - 2015), sin embargo, que después del 2016 se presente el punto de inflexión para el incremento en los precios [10].

No obstante, en la figura 2.4 se muestra el pronóstico del precio del cobre hasta el 2019, realizado por Metal Bulletin.

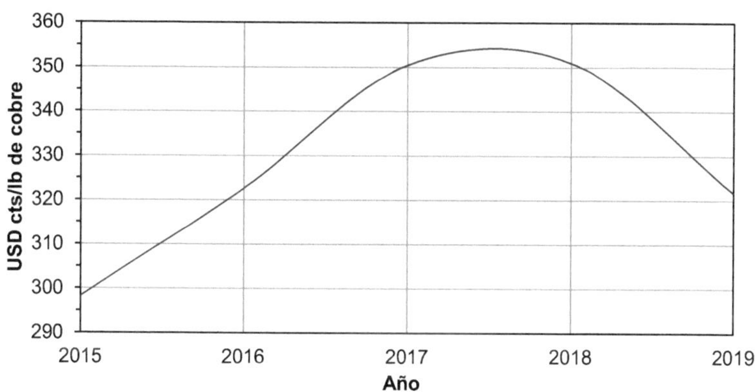

Figura 2.4.- Pronóstico del precio del cobre, según Metal Bulletin.

2.2 FUNDAMENTOS METALÚRGICOS DEL PROCESAMIENTO DE CONCENTRADOS DE COBRE

Los desarrollos tecnológicos para el procesamiento de concentrados de cobre, pueden clasificarse en pirometalúrgicos o hidrometalúrgicos; sus fundamentos se sustentan en la termodinámica y la cinética.

2.2.1. Procesos pirometalúrgicos

El desarrollo de las técnicas pirometalúrgicas en la industria del cobre, ha hecho enormes progresos en el último siglo. Uno de los avances más importantes en la obtención de cobre, fue la inyección de gas, en el convertidor Bessemer. Este principio es utilizado actualmente en el proceso de conversión.

Hoy en día, la tecnología convencional para obtener cobre de los concentrados de calcopirita se basan en: molienda, flotación, tostación, técnicas de fusión, electrorefinación y electrolisis [(1)]. A continuación se describen brevemente las etapas del proceso de obtención de cobre por el método pirometalúrgico.

2.2.1.1. Concentración de cobre

La mayoría de las menas de sulfuro de cobre, al ser de baja ley (0.5 - 2 %Cu), requieren de una concentración para incrementar su contenido en metal. Esta etapa inicia con la explotación del mineral en campo, después se somete a las etapas de trituración y molienda.

El mineral molido entra a la etapa de flotación con espumas y presenta 2 variantes: a) una flotación masiva, que concentra todos los minerales que posean algún contenido metálico; b) una flotación selectiva o diferencial, para separar los distintos minerales sulfurosos (pirita, galena, esfalerita, etc...) [(2)]. Cabe mencionar que el producto de la flotación con espuma contiene aproximadamente 30% de cobre.

La flotación con espumas se basa en la adhesión selectiva de los minerales en el seno de una suspensión, a burbujas de aire que se introducen en ella. Los minerales adheridos a las burbujas se separan en forma de espuma, constituyendo el concentrado, mientras que la ganga permanece en la suspensión [(11)].

El fundamento se basa en la diferencia de las propiedades superficiales de los minerales, esencialmente en el equilibrio iónico. Las cargas iónicas, en compuestos sulfurados de cobre pueden ser modificadas con el uso de colectores como los Xantatos, que reaccionan en la superficie de las partículas y las hace hidrofóbicas. Por otra parte los compuestos depresores, modifican la superficie de las partículas para mejorar su afinidad al agua (hidrofílica). Así, la flotación selectiva puede desarrollarse mediante espumantes, flotando sólo aquellos que tengan un carácter hidrofóbico [11].

2.2.1.2. Tostación

La tostación tiene como objetivo ajustar el contenido de azufre en el concentrado de cobre por medio de su calentamiento en presencia de oxígeno. En muchos procesos no se realiza la tostación, sino que se encuentra integrada al proceso de fusión para incrementar la eficiencia [2].

En la figura 2.5 se muestra el diagrama de Kellog en donde se observan las zonas de estabilidad de los productos de tostación de cobre, en función de las presiones parciales de oxígeno, SO_2 y temperatura [2].

En esta etapa se forman compuestos como ferritas o silicatos, que en los procesos pirometalúrgicos se incorporan a la escoria y en los procesos hidrometalúrgicos quedan insolubles.

Las principales reacciones en la etapa de tostación son:

$$4CuFeS_2 + 4O_2 = 2Cu_2O \cdot FeS + 3SO_2 \quad (2.1)$$

$$2FeO + SiO_2 = 2FeO \cdot SiO_2 \quad (2.2)$$

$$Cu_2O \cdot FeS = Cu_2S + FeO \quad (2.3)$$

$$3Fe_3O_4 + FeS = 10FeO + SO_2 \quad (2.4)$$

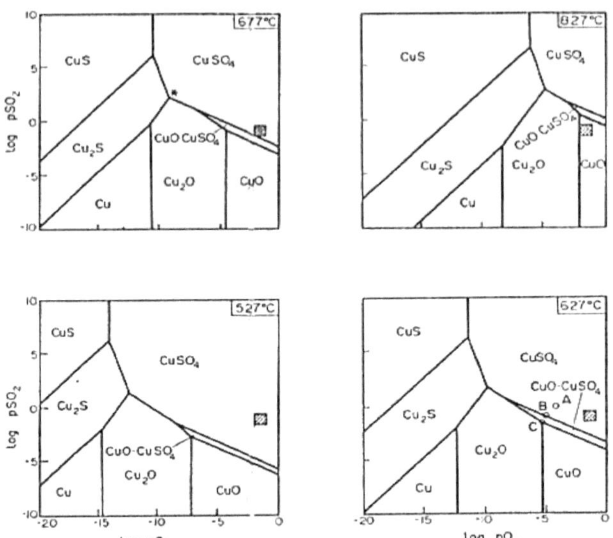

Figura 2.5.- Diagrama de Kellog del sistema S-Cu-O. Sección del sistema con temperatura constante [2].

2.2.1.3. Técnicas de fusión

La fusión de los concentrados de calcopirita se realiza con adición de fundentes a una temperatura de 1220°C [11]. Se producen dos fases fundidas inmiscibles, una de ellas es la fase de sulfuros, conocida como matte; y una fase oxidada y ferrosa, la escoria. El objetivo de esta etapa es oxidar el azufre y el hierro de la calcopirita, usando aire enriquecido con oxígeno [2].

Las principales reacciones de oxidación de la etapa de fusión para concentrados de calcopirita son exotérmicas y se muestran a continuación [11] [2].

$$2CuFeS_2 + 3.25O_2 = Cu_2S \cdot 0.5FeS + 1.5FeO + 2.5SO_2 \quad (2.5)$$

$$2FeO + SiO_2 = 2FeO \cdot SiO_2 \quad (2.6)$$

Existen diferentes métodos y tecnologías para llevar a cabo la fusión de los concentrados de cobre, tradicionalmente se ha empleado el horno de cuba, horno de reverbero, horno eléctrico, procesos como el Noranda y Teniente. Sin embargo, recientes desarrollos tecnológicos, han logrado establecer procesos de fusión instantánea (Flash), como la fusión instantánea de Outokumpu, fusión instantánea INCO y fusión ciclónica KIVCET [(11)].

Algunos otros como el Isasmelt, Vanyukov y Contop; marcan una nueva tendencia de la fundición de concentrados de cobre para obtener matte. Hablar de todos los procesos dentro de este capítulo excede el alcance del proyecto [(11)].

2.2.2. Procesos Hidrometalúrgicos

Los procesos hidrometalúrgicos se refieren al tratamiento de minerales, mediante la disolución de alguno de sus metales, para su posterior recuperación [(2)].

Hoy en día, los desarrollos tecnológicos y científicos en la metalurgia extractiva están condicionados por los siguientes factores [(2)]:

1. Disminución en las leyes de los minerales.
2. Impacto ambiental de las industrias mineras y metalúrgicas.
3. Precios bajos de los metales en los mercados internacionales.

Los procesos hidrometalúrgicos pueden aplicarse con éxito técnico-económico al tratamiento de concentrados de calcopirita y permite llevar a cabo operaciones que involucran desde la materia prima hasta el producto terminado [(2) (12)].

Generalmente, comprenden 4 etapas: (1) lixiviación de cobre, (2) recuperación de valores, (3) extracción por solventes y (4) electrólisis. En ocasiones, y dependiendo de las impurezas en el mineral del cobre, se puede incluir una etapa intermedia de purificación y/o remoción según el metal objetivo (azufre elemental, hierro, arsénico, mercurio, etc...)

2.2.2.1. Lixiviación de cobre

Como se mencionó anteriormente, los procesos hidrometalúrgicos se basan en el proceso la lixiviación, que permite disolver el metal de interés para su extracción.

Los principales procesos de lixiviación de cobre son [2] [13]:

1. Lixiviación *in situ o* in place, aplicada a masas minerales de cobre de baja ley.
2. Lixiviación en escombreras o montones para material apilado (dump leaching).
3. Lixiviación por percolación en vertederos para material de tamaño fino (heap leaching).
4. Lixiviación en bioreactores empleando bacterias (biolixiviación).
5. Lixiviación en reactor agitado con o sin presión de oxígeno. (Proceso VAT, TPOX, CESL, PLATSOL, etc...)

En la tabla 2.1 se muestran los principales minerales de cobre y algunos puntos importantes en su lixiviación con ácido sulfúrico. Se puede observar que las condiciones de lixiviación varían dependiendo de la composición mineral (ganga, óxidos y sulfuros).

Los minerales oxidados de cobre presentan una cinética de reacción favorable ante los compuestos sulfurosos. Los minerales sulfurosos de cobre, requieren de temperatura, presión de oxígeno, catalizadores, aireación y/o diseños de lixiviación en tanques agitados, para mejorar la cinética de sus reacciones [13].

La ganga en los concentrados de calcopirita, debe ser considerada para el desarrollo de proyectos, ésta puede incrementar los costos de operación [13] [14]:

- La molienda, por el contenido de minerales abrasivos.
- Consumo de ácido, debido al alto contenido de carbonatos.
- Taponamientos en los procesos de lixiviación en campo, por formación de precipitados (hidrólisis de Fe^{3+}).

- Separación sólido-líquido posteriores a la lixiviación debido al alto contenido de aluminio.
- Toxicidad de compuestos ante bacterias empleadas en biolixiviación.
- Alto consumo de agua, debido al contenido de minerales de alta capacidad de hidratación.
- La etapa de extracción por solventes y/o electrólisis, debido al contenido de silicio, cloro, hierro, etc...
- Problemas durante la disposición ambiental, por el contenido elementos como el arsénico, cadmio, plomo, zinc, antimonio y/o uranio.
- La disminución en la cinética de lixiviación debido a reacciones entre compuestos de la ganga (Cloritas, arcillas, etc...).

La calcopirita presenta los estados de valencia de Cu^{+}, Fe^{3+} y $(S^{2-})_2$ (15) (16) (17) (18); sin embargo, estudios de estructura fina de absorción de rayos X, sugieren que el cobre y el hierro se presentan con estados divalentes (19). Bajo el mismo contexto, y debido a la estructura cristalina que presenta la calcopirita, es el compuesto natural de cobre más refractario; es decir, la estabilidad química que presenta en sus enlaces moleculares es tan fuerte que su disociación se facilita sólo bajo condiciones de oxidación extremas.

No obstante, el desarrollo de procesos de lixiviación de calcopirita son los de mayor interés. Por lo tanto, es necesario establecer alternativas tecnológicas, que aborden su lenta cinética de lixiviación y las variables termodinámicas que influyen.

2.2.2.1.1. Termodinámica

Los mecanismos de reacción de la lixiviación de calcopirita, se basan en la lixiviación directa e indirecta. La lixiviación directa se desarrolla a partir de la oxidación del mineral con ácido sulfúrico y oxígeno; mientras que la lixiviación indirecta emplea otro tipo de agente oxidante para catalizar la oxidación del mineral. En lo general, se usa sulfato férrico, que encuentra un ciclo de oxidación-reducción ($Fe^{2+} \leftrightarrow Fe^{3+}$) durante la lixiviación.

Tabla 2.1.- Descripción del proceso de lixiviación en ácido sulfúrico de los minerales de cobre [13].

Mineral	% Cu	Composición química	Lixiviación en ácido sulfúrico
Azurita	55.3	$2Cu_2CO_3\ Cu(OH)_2$	Es posible la extracción de cobre, a temperatura ambiente con ácido sulfúrico diluido. Algunos minerales requieren de temperatura para mejorar la velocidad de reacción, sobretodo en la lixiviación en tanque agitado. La cinética varía, pero generalmente es rentable en los procesos de lixiviación en vertederos, mineral apilado, VAT y tanque agitado.
Malaquita	57.6	$CuCO_3\ Cu(OH)_2$	
Tenorita	79.7	CuO	
Crisocola	36.1	$CuSiO_3\ 2H_2O$	
Dioptasa	40.3	$CuSiO_3\ H_2O$	
Antlerita	53.7	$Cu_3SO_4(OH)_4$	
Brochantita	56.2	$CuSO_4\ 3Cu(OH)_2$	
Calcantita	25.4	$CuSO_4\ 5H_2O$	
Atacamita	59.5	$CuCl_2\ 3CuOH)_2$	
Pseudomalaquita	53.5	$Cu_5(PO_4)_2(OH)_4\ H_2O$	
Cobre Pitch	-	Mezcla (20)	
Cobre Wad	-	Mezcla (20)	Es posible obtener una extracción de cobre del 10-80%, a temperatura ambiente y ácido sulfúrico diluido.
Cuprita	88.8	Cu_2O	Es posible obtener una extracción de cobre del 50%, a temperatura ambiente y ácido sulfúrico diluido
Calcosina	79.85	Cu_2S	Parcialmente lixiviable en ácido sulfúrico, el grado de extracción se incrementa con el aumento de la temperatura y el tipo de ácido.
Cobre nativo	100	Cu°	Bajo porcentaje de extracción en ácido sulfúrico, a presión atmosférica. La cinética mejora en un reactor agitado con adición de un ácido fuerte y aireación.
Calcocita	79.85	Cu_2S	Es posible lixiviar empleando ácido sulfúrico y solución de sulfato férrico. La cinética es favorable para los procesos de lixiviación en vertederos y en pilas; además se incrementa al aumentar la temperatura.
Covelina	66.5	CuS	
Bornita	63.3	Cu_5FeS_4	
Cuprita	88.8	Cu_2O	Es posible lixiviar con ácido sulfúrico y solución de sulfato férrico.
Cobre nativo	100	Cu°	
Calcopirita	34.6	$CuFeS_2$	Presenta una cinética de reacción muy lenta.

A continuación se muestran las reacciones químicas que predominan durante la lixiviación del concentrado de cobre en medio sulfato [21].

$$CuFeS_2 + 2.5O_2 + H_2SO_4 \rightarrow CuSO_4 + FeSO_4 + H_2O + S^{\circ} \quad (2.7)$$

$$CuFeS_2 + 2Fe_2(SO_4)_3 \rightarrow CuSO_4 + 5FeSO_4 + 2S° \quad (2.8)$$

$$4FeSO_4 + O_2 + 2H_2SO_4 \rightarrow 2Fe_2(SO_4)_3 + 2H_2O \quad (2.9)$$

$$Cu_5FeS_4 + 7.5O_2 + 3H_2SO_4 = 5CuSO_4 + FeSO_4 + 3H_2O + S° \quad (2.10)$$

$$2PbS + 2H_2SO_4 + O_2 = 2PbSO_4 + 2S° + 2H_2O \quad (2.11)$$

$$2ZnS + 2H_2SO_4 + O_2 = 2ZnSO_4 + 2S° + 2H_2O \quad (2.12)$$

$$FeS_2 + H_2SO_4 + 0.5O_2 = FeSO_4 + 2S° + H_2O \quad (2.13)$$

$$FeS + H_2SO_4 + 0.5O_2 = FeSO_4 + S° + H_2O \quad (2.14)$$

$$FeAsS + 1.5H_2SO_4 + O_2 = FeSO_4 + H_3AsO_{4\,(aq)} + 1.5S° \quad (2.15)$$

$$PbCO_3 + H_2SO_4 = PbSO_4 + H_2O + CO_2 \quad (2.16)$$

Debido a que algunos concentrados de cobre contienen minerales de la ganga, se incluyen las siguientes reacciones a la etapa de lixiviación:

$$Ca_3Al_2Si_3O_{12} + 6H_2SO_4 = 3CaSO_4 + Al_2(SO_4)_3 + 3SiO_2 + 6H_2O \quad (2.17)$$

$$CaCO_3 + H_2SO_4 = CaSO_4 + H_2O + CO_2 \quad (2.18)$$

$$CaMgSi_2O_6 + 2H_2SO_4 = MgSO_4 + CaSO_4 + 2H_2O + 2SiO_2 \quad (2.19)$$

$$CaSiO_3 + H_2SO_4 = CaSO_4 + SiO_2 + H_2O \quad (2.20)$$

En la figura 2.6 se muestra el diagrama de Pourbaix Cu-Fe-S a 95°C para el hierro (izquierda) y el cobre (derecha) como elemento principal [22].

Con base en las reacciones de lixiviación indirecta, se puede observar que a 95°C, es necesario alcanzar las condiciones de pH menor a 1 y un potencial superior a 0.57 V (Ag/AgCl) para asegurar la oxidación de hierro (Fe^{3+}). Además, en el diagrama de la derecha se muestra que bajo estas condiciones, es posible obtener cobre líquido en equilibrio (Cu^{2+}).

Hay muchos procesos de lixiviación de cobre con cloruros (Canmet, Phelp Dodge, Minemet, BHAS, etc…) y se basan en el efecto oxidante del ion férrico (similar al medio sulfato) que disuelve el cobre en forma de cloruro y transforma el sulfuro a azufre elemental (2).

El proceso Cuprex emplea una lixiviación de calcopirita a 95 °C con una solución de cloruro férrico. Se obtiene un residuo con azufre elemental y una solución con el cobre (Cu^{2+}); la reacción que le corresponde al proceso es (2):

$$CuFeS_2 + 4FeCl_3 \rightarrow CuCl_2 + 5FeCl_2 + 2S^{\circ} \qquad (2.21)$$

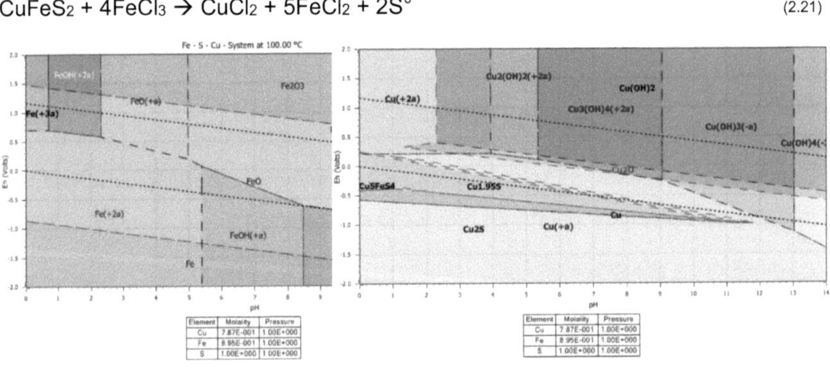

Figura 2.6.- Diagramas Eh-pH de Cu-Fe-S a 95 °C (22).

Los elementos que no son solubles, forman un residuo del que se pueden recuperar los metales preciosos. El licor cargado de metales se envía a extracción por solventes orgánicos (DS 5443 en queroseno, para concentrar el cobre en la solución (90 g/L) y después recuperarlo vía electroquímica (2).

En la imagen 2.7 se muestra el diagrama de flujo general del proceso Cuprex.

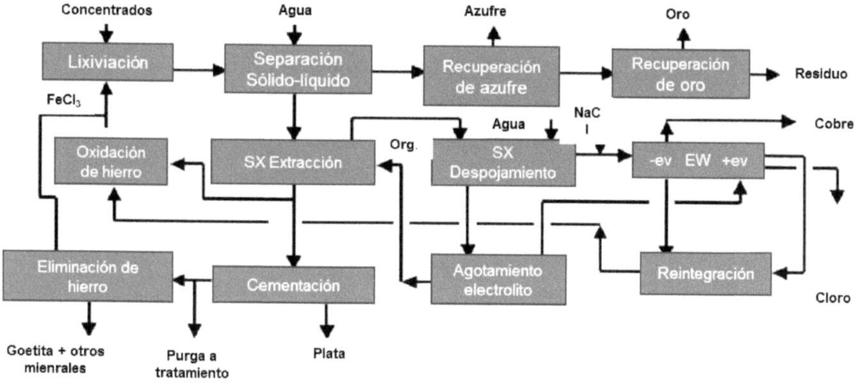

Figura 2.7.- Diagrama de proceso CUPREX [2].

Muchos autores reportan que existe una interacción galvánica entre la pirita y la calcopirita, que permite la disolución del cobre [23] [28]; no obstante, estudios recientes han demostrado que es el contenido de plata es el que favorece a la reacción electroquímica (transporte de electrones) en la lixiviación de cobre [24] [25] [26]. A continuación se presentan las reacciones electroquímicas del efecto catalítico de la plata [25] [27] [28].

$$Ag_2SO_4 + 2FeSO_4 + S° = Ag_2S + Fe_2(SO_4)_3 \qquad \Delta G_{100°C} = -34.83\ kJ \qquad (2.22)$$

$$2Ag_2S + O_2 + 2H_2SO_4 = 2Ag_2SO_4 + 2H_2O + 2S° \qquad \Delta G_{100°C} = -234\ kJ \qquad (2.23)$$

$$4Ag° + O_2 + 2H_2SO_4 = 2Ag_2SO_4 + 2H_2O \qquad \Delta G_{100°C} = -319.1\ kJ \qquad (2.24)$$

$$2Ag° + Fe_2(SO_4)_3 = Ag_2SO_4 + 2FeSO_4 \qquad \Delta G_{100°C} = -7.46\ kJ \qquad (2.25)$$

$$CuFeS_2 + 2Ag_2SO_4 = CuSO_4 + FeSO_4 + 2Ag_2S \qquad \Delta G_{100°C} = -135.9\ kJ \qquad (2.26)$$

$$2PbS + 2Ag_2SO_4 = 2PbSO_4 + 2Ag_2S \qquad \Delta G_{100°C} = -273.14\ kJ \qquad (2.27)$$

$$2ZnS + 2Ag_2SO_4 = 2ZnSO_4 + 2Ag_2S \qquad \Delta G_{100°C} = -260.32\ kJ \qquad (2.28)$$

Se ha reportado que la plata en el residuo de lixiviación se encuentra como sulfuro de plata y asociada principalmente al azufre elemental [29].

2.2.2.1.2. Pasivación

Con varias décadas de investigación en los mecanismos de reacción de la lixiviación, se ha determinado que uno de los problemas más comunes es la pasivación de la calcopirita [27] [28] [29] [30] [31]. Este término se refiere a la disminución o detención total en la reacción de lixiviación, supuestamente producido por una capa impermeable de azufre elemental [32] [33] [34] [35] [36] [37], de polisulfuro de cobre [38] [27] [39] y/o precipitados de hierro (jarositas) [27] [40] [41] [42] [43] [44], en la superficie de la calcopirita. El mecanismo de su formación e incluso de su existencia aún se encuentra en debate [5] [45] [46] [47].

Burkin, en su investigación, reporta haber encontrado una capa de sulfuro bimetálico con propiedades químicas y estructurales diferentes a las de la materia prima pero con la misma propiedad semiconductora en la superficie de la calcopirita [48].

Hackl y colaboradores, han propuesto que el hierro contenido en la calcopirita se disuelve más que el cobre, formando una fase intermedia de bisulfuros, $Cu_{1-x}Fe_{1-y}S_2$, la cual se oxida lentamente y genera un polisulfuro metálico de cobre, $Cu_{1-X-Z}S_2$, responsable de la pasivación de la calcopirita. A continuación se muestran las reacciones químicas del mecanismo propuesto [27].

$CuFeS_2 \rightarrow Cu_{1-X}Fe_{1-Y}S_2 + XCu^{2+} + YFe^{2+} + 2(X+Y)\ e^-$ (2.29)

$Cu_{1-X}Fe_{1-Y}S_2 \rightarrow Cu_{1-X-Z}S_2 + ZCu^{2+} + (1-Y)\ Fe^{2+} + 2(Z+1-Y)e^-$ (2.30)

$Cu_{1-X-Z}S_2 \rightarrow (1-X-Z)\ Cu^{2+} + 2S^\circ + 2(1-X-Z)\ e^-$ (2.31)

Donde:

$$y \gg x$$

$$x + y \approx 1$$

$$Cu_{1-x-z}S_2 = CuS_n$$

$$n = \frac{2}{1 - x - z}$$

Para disminuir el efecto de la pasivación y las condiciones extremas de oxidación, algunos procesos incorporan moliendas ultrafinas (5 a 20 µm) que incrementan el área de contacto, evitan el uso de altas presiones y mejoran la cinética de la reacción (incrementan la extracción de cobre). Ver Anexo A, apartado A.1.

2.2.2.1.3. Cinética

La cinética de la reacción de lixiviación de calcopirita, es diferente según el medio empleado (sulfato, cloruro, amoniaco, etc...). En el caso del medio sulfato, la etapa controlante es la transferencia de masa, es decir, la principal dificultad para realizar la disolución del cobre de la calcopirita, es la difusión de los elementos que componen las reacciones (2.8) y (2.9) a través del material.

El modelo cinético del núcleo que se encoge con formación de capa de productos sólidos (figura 2.8), es el modelo que más se ajusta a los resultados cinéticos en la literatura, y presenta la siguiente ecuación [49] [3] [50] [23]:

$$1 - \frac{2}{3} X - (1 - X)^{\frac{2}{3}} = k_{ex} t \qquad (2.32)$$

Donde:
X, es la fracción de cobre lixiviada;
k_{ex}, es la constante de equilibrio experimental y
t, el tiempo.

En la actualidad, hay procesos hidrometalúrgicos que logran la extracción de cobre por encima del 95-99%. En el caso de la lixiviación oxidante de matte-speiss (Cu_2S y Cu_3As), se ha demostrado que el modelo cinético que más se ajusta es el descrito anteriormente.

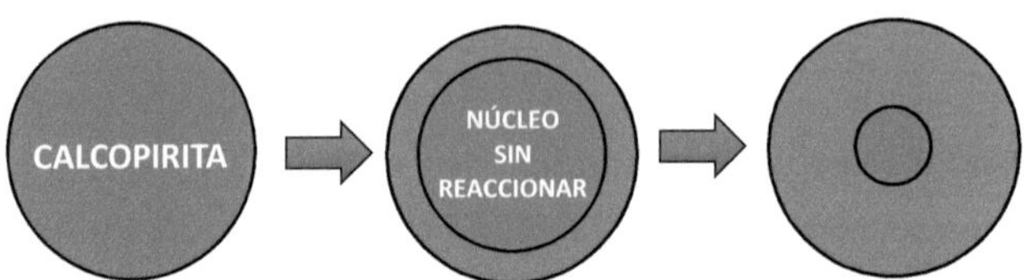

Figura 2.8.- Modelo cinético de núcleo que se encoge con formación de capa de productos sólidos.

Tomando como base la ecuación 2.7 como la principal reacción en la etapa de lixiviación de calcopirita, la Ley de Fick establece que para partículas esféricas:

$$\frac{dn_{H^+}}{dt} = -4\pi r^2 D \frac{d_{nH^+}}{dr} \tag{2.33}$$

Si se asume que el flujo es independiente de la posición r, para el tiempo t, se obtiene una aproximación al estado estable:

$$J = \frac{d_{nH^+}}{dt} \tag{2.34}$$

$$\frac{dr}{r^2} = \frac{4\pi D d[H^+]}{J} \tag{2.35}$$

Que al integrar la ecuación 2.30 y resolviendo para J, se obtiene:

$$\frac{dn_{Cu^{2+}}}{dt} = \frac{dn_{H^{2+}}}{dt} = \frac{2\pi D d r r_0 [H^+]}{(r-r_0)} \tag{2.36}$$

Así:

$$\frac{dn_{Cu^{2+}}}{dt} = \frac{4\pi r^2}{v}\frac{dr}{dt} \tag{2.37}$$

$$\frac{dr}{dt} = \frac{vDr[H^+]}{2r(r-r_0)} \tag{2.38}$$

La fracción reaccionada está relacionada al radio de la partícula por la expresión:

$$X = 1 - \left(\frac{r}{r_0}\right)^3 \qquad \text{ó} \qquad r = r_0(1-X)^{\frac{1}{3}} \tag{2.39}$$

$$\frac{dX}{dt} = \frac{3r^2}{r_0^3}\left(\frac{dr}{dt}\right) = \frac{3}{r_0}(1-X)^{\frac{2}{3}}\frac{dr}{dt} \tag{2.40}$$

$$\frac{dX}{dt} = \frac{3}{r_0}(1-X)^{\frac{2}{3}} \bullet \frac{vDr_0[H^+]}{2r(r_0-r)} \tag{2.41}$$

$$\frac{dX}{dt} = \frac{3vD[H^+]}{2r_0^2} \bullet \frac{(1-X)^{\frac{1}{3}}}{1-(1-X)^{1/3}} \tag{2.42}$$

Al integrar la ecuación 2.37 se obtiene:

$$\frac{dX}{dt} = \frac{3vD[H^+]}{2r_0^2} \bullet \frac{(1-X)^{\frac{1}{3}}}{1-(1-X)^{1/3}} \tag{2.43}$$

$$1 - \frac{2}{3}X - (1-X)^{\frac{2}{3}} = \frac{2vD[H^+]}{r_0^2}\frac{b}{a}t \tag{2.44}$$

De la ecuación 2.39, se puede observar que la gráfica de $1 - \frac{2}{3}X - (1-X)^{\frac{2}{3}}$ con respecto al tiempo t, la línea resultante es recta con pendiente S.

$$S = \frac{2vD[H^+]}{r_0^2}\frac{b}{a} \tag{2.45}$$

Así, para la reacción en la superficie de las partículas, se tiene:

$$\frac{dc_A}{dt} = -k_{ex}C_A^n \tag{2.46}$$

$$\frac{dn}{dt} = -\frac{4\pi r^2 C_A^n}{v}\frac{dr}{dt} \quad , \qquad \frac{dr}{dt} = \frac{v}{s}k_{ex} \tag{2.47}$$

Al sustituir la ecuación para $\frac{dr}{dt}$ en la ecuación 2.35 y usando la ecuación 2.42 tenemos:

$$\frac{dX}{dt} = \frac{3}{r_0} \bullet r_0 2(1 - X)^{\frac{2}{3}} \bullet \left(\frac{v}{S} k_{ex}\right) C_A^n \tag{2.48}$$

En un $t = 0$, $X = 0$ y a concentración del lixiviante tenemos:

$$\frac{dX}{dt} = \frac{3k_S v}{r_0^3} \frac{b}{a} C_A^n \tag{2.49}$$

Así, si se aplican logaritmos a la ecuación anterior, $ln\frac{dX}{dt}$ contra el $\ln C_A^n$ puede obtenerse el valor del orden de reacción en al pendiente de la recta. Además, la energía de activación se puede calcular a partir de la ecuación de Arrhenius:

$$\frac{dX}{dt} = Ae^{-\frac{E_A}{RT}} \tag{2.50}$$

2.2.2.2. Vigilancia tecnológica (Lixiviación cobre).

Actualmente, el desarrollo tecnológico se basa en la investigación científica realizada por empresas, instituciones y universidades. El trabajo en conjunto ha permitido alcanzar la ingeniería conceptual y la instalación de plantas a nivel comercial [4].

La producción de artículos científicos de la lixiviación de calcopirita muestra un crecimiento continuo, durante el periodo del 2005 al 2014 (figura 2.9). México aporta el 2% a nivel mundial y se encuentra en el lugar 13 después de China, Australia Estados unidos, Canadá, etc… [4].

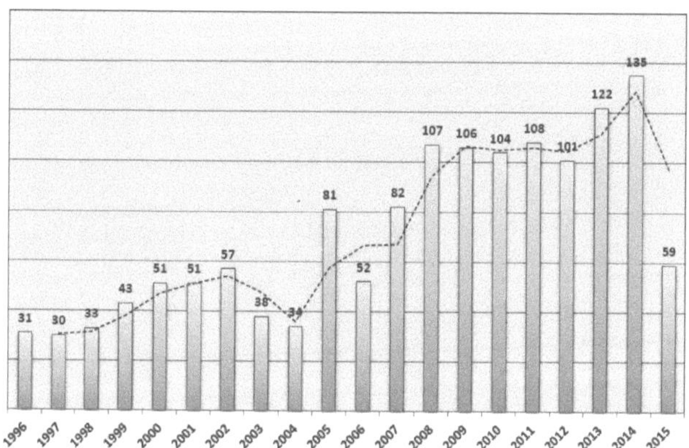

Figura 2.9.- Producción de artículos científicos a nivel internacional [4].

En la figura 2.10 se muestran las instituciones que destacan en la producción de artículos científicos. Se observa que la lista se encuentra encabezada por el Instituto de Ingeniería de Procesos de la Academia de Ciencias China [4].

En otra categoría, la Universidad de Columbia Británica tiene el mayor número de publicaciones en el tema, seguida por la Universidad de Queensland y la Universidad de Ciencia y Tecnología de Kunming [4].

Desde el punto de vista industrial, los procesos para el tratamiento de concentrados de calcopirita se dividen en 2 grupos [4]:

1. Lixiviación en reactores.
2. Lixiviación en montones.

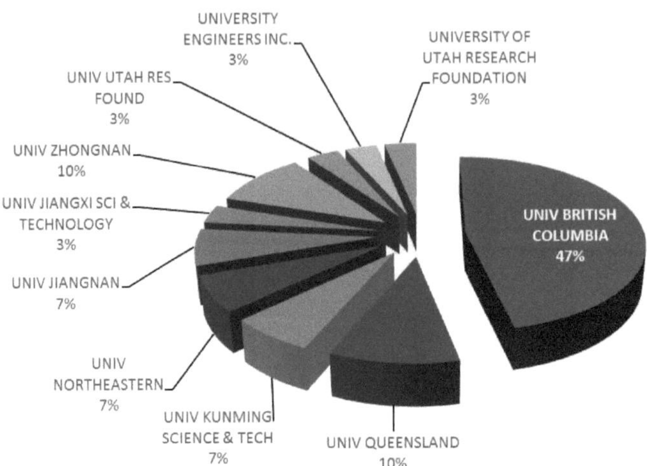

Figura 2.10.- Instituciones que destacan en la producción de artículos científicos [4].

Los desarrollos tecnológicos más recientes, pertenecen al grupo de lixiviación en reactores, y a pesar del elevado número de reactores propuestos, ninguno ha sustituido al proceso pirometalúrgico. Por otra parte, la lixiviación en montones ha demostrado ser una técnica muy valiosa para el procesamiento de una gran cantidad de minerales de cobre (óxidos y sulfuros) [4].

Los países que cuentan con mayor número de patentes son China, Japón, Corea, Estados Unidos, Alemania y Rusia. En la figura 2.11 se muestran las empresas destacadas por su actividad inventiva [4].

La mayoría de los procesos de lixiviación en reactores se basan en una lixiviación oxidante en medio sulfato, no obstante tienen sus variantes. En el Anexo A, apartado A.1; se clasifican los procesos de lixiviación según el medio acuoso utilizado:

- Sulfato (ácido sulfúrico)
- Cloruro (ácido clorhídrico o cloruros férricos)
- Bromuro-cloruro (Bromuro de sodio)

- Una mezcla de sulfato-cloruro.
- Amonio
- Nitrógeno

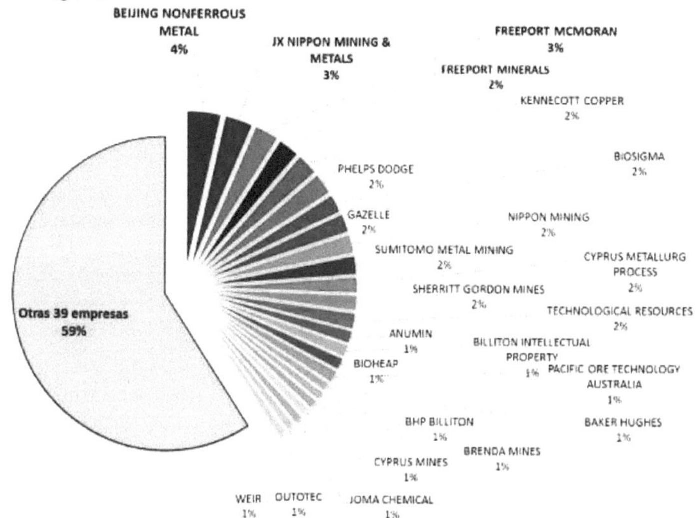

Figura 2.11.- Empresas con mayor desarrollo de patentes.

En el Anexo A, apartado A.1; se observa que la mayoría de los procesos se encuentran a nivel de planta piloto. Por otra parte, los procesos Arbiter, Cuprex, CLEAR, La Escondida, Sherritt Gordon; ya no operan y se atribuye a factores políticos y sociales inestables, bajo precio del cobre y problemas técnicos.

Los avances científicos a nivel internacional, muestran una tendencia favorable al desarrollo de procesos de biolixiviación y el uso de bacterias como: acidithiobacillus ferrooxidans y thiobacillus ferrooxidans. En la figura 2.12 se muestran los principales temas estudiados y publicados en revistas científicas [4].

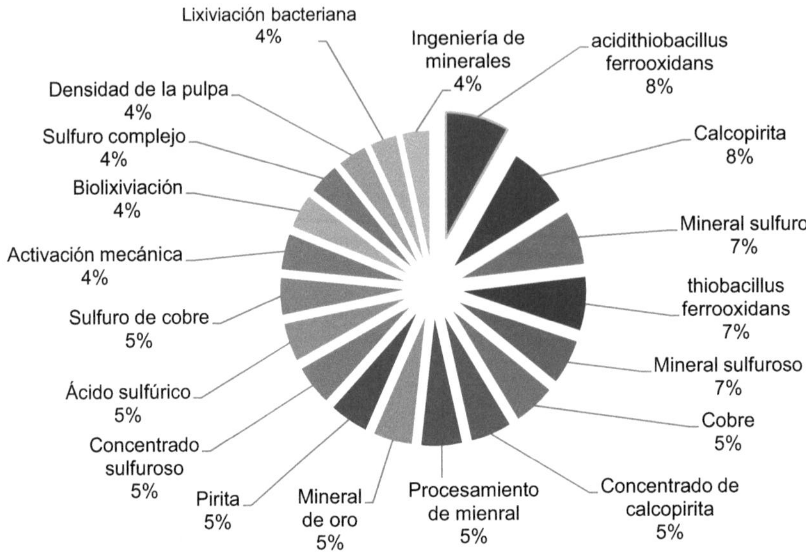

Figura 2.12.- Principales temas desarrollados en el ámbito científico de la lixiviación de concentrados de calcopirita [(4)].

Bajo el mismo contexto, los principales compuestos oxidantes empleados en la lixiviación de cobre, son las sales de hierro (cloruros y sulfatos de hierro); En la tabla 2.2 se muestran los catalizadores de reacción de lixiviación de concentrados de calcopirita.

A continuación se presentan algunos de los procesos de lixiviación de cobre que han logrado tener éxito económico.

Tabla 2.2.- Catalizadores empleados en los procesos de lixiviación de calcopirita.

Proceso	Catalizador
Biolixiviación, lixiviación a presión, en campo, etc...	Oxígeno [57] [58]
Lixiviación a presión	ácido sulfúrico y/o clorhídricas [4] [2] [13]
	agua oxigenada [59]
	ácido nítrico [60] [61]
	carbonato de amonio [2]
	coque [62]
	pirita [63]
	iones cúpricos [64] [65]
	iones de plata [64]
	iones de cromo hexavalentes [32]
	Acetona, metanol y ácido acético [66]
	ozono [67]
	ácido fórmico y etanol [68]
	iones férricos [69] [3]
	sales de hierro [2] [13]

2.2.2.2.1. Billiton BioCOP [70]

La biolixiviación Billton BioCOP se encuentra en desarrollo y tiene como finalidad aplicarla a sulfuros secundarios de cobre. Dependiendo de la mineralogía, el proceso puede incluir una prelixiviación con iones férricos y recirculación de la etapa de extracción por solventes.

El residuo obtenido del proceso puede flotarse para recuperar calcopirita. Además, la plata y el oro se obtienen con el concentrado flotado o por medio de la cianuración del residuo. La biolixiviación se realiza con:

- Bacterias termofílicas (70 – 80°C) para calcopirita.
- Bacterias mesofílicas (42 - 45°C) para sulfuros de cobre secundarios.

Al emplear bacterias mesofílicas en la lixiviación de calcopirita, el proceso cae en la pasivación de la reacción. El proceso Billiton no requiere una molienda ultrafina.

Billiton ha operado plantas pilotos para producción de cobre y níquel. En 1998 se realizó una demostración a nivel planta piloto, dejando bajo consideración la construcción de otra planta para producir 1,000 t/año de cobre.

2.2.2.2.2. BacTech/Mintek Technology [70]

El estudio de las empresas BacTech y Mintek se basa en la biolixiviación de sulfuros secundarios de cobre con bacterias mesofílicas a 36 – 40 °C y calcopirita con bacterias termofílicas moderadas (45 – 50 °C) y extremas (70°C).

La tecnología BacTech/Mintek actualmente se encuentra en lugares como Mt Lyell, Tasmania, con una planta desarrollada a nivel piloto para el tratamiento de concentrados de calcopirita; en Peñoles, México, con la finalidad de probar nuevos diseños de reactores para adecuarlo a las operaciones que involucran a los metales base de Latino-américa; en Paques Bio Systems, Holanda, desarrollaron el diseño del bioreactor Circox, logrando reducir costos en más del 25 %.

2.2.2.2.3. Proceso Las cruces [65]

Las Cruces se encuentra localizado en la región del Cinturón Ibérico de piritas, España. El proceso instalado es de nivel comercial y cuenta con una capacidad de 70,000 t/año de cobre.

El proceso inicia con una lixiviación a presión atmosférica con iones de plata como catalizador, con el fin de extraer zinc y cobre del concentrado de calcopirita. El residuo obtenido de esta etapa está compuesto de plomo y plata, en forma de sulfatos.

La solución de cobre-zinc pasa a las etapas de extracción por solventes, la primera de cobre y la segunda de zinc. El objetivo es concentrar los elementos en solución para luego producir cátodos de cobre y zinc, mediante electrólisis.

El residuo de plomo-plata se somete a una lixiviación de salmuera caliente con cloruro de sodio. Se recupera plomo y plata como producto, donde parte de esta última es recirculada al proceso de lixiviación. En la figura 2.13 se muestra el diagrama de flujo y una imagen de los reactores OKTOP de lixiviación a presión atmosférica en el proceso SICAL.

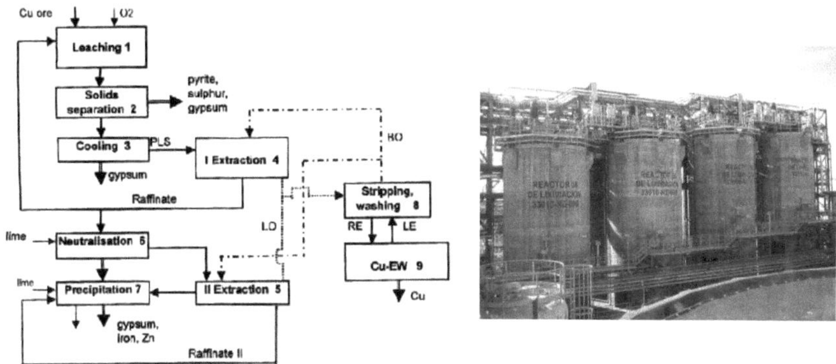

Figura 2.13.- Diagrama de flujo del proceso Cobre Las Cruces y planta a nivel comercial en España.

2.2.2.2.4. Proceso Hydrocopper [70]

La lixiviación del concentrado de cobre se realiza mediante una solución de cloruros en tanques agitados a 85-95°C, empleado iones cúpricos como agentes oxidantes. Ésta tecnología subministra oxígeno a reactores, y precipita hierro como hidróxido de hierro a un pH entre 1.5-2.5.

En el último reactor de la etapa de lixiviación se añade bromuro de sodio con el fin de disolver oro, el cual es recuperado a través de unas columnas de carbón activado para luego refinarlo.

El proceso emplea una etapa de purificación en 4 etapas: (1) precipitación de azufre como yeso con carbonato de calcio y cobre como atacamita ($Cu_2Cl(OH)_3$); (2) La plata disuelta es recuperada en la etapa de purificación, por medio de su cementación con polvo de cobre y separada como una amalgama con mercurio; (3) la precipitación de zinc, plomo, etc. con carbonato de sodio; (4) pulido a la solución mediante membranas de intercambio iónico.

En la figura 2.14 se muestra el diagrama de flujo del proceso Hydrocopper y una imagen de la planta piloto instalada en Finlandia.

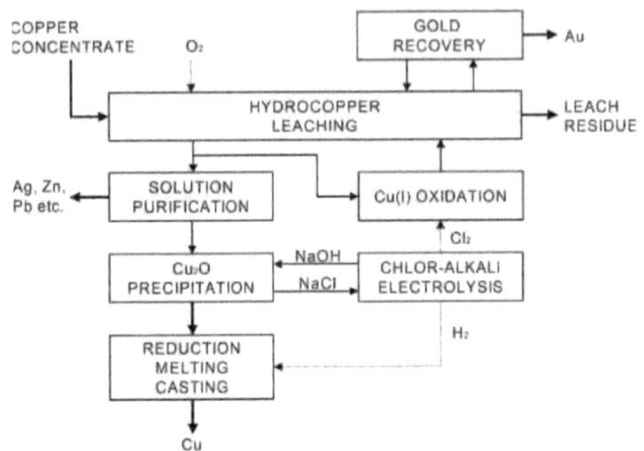

Figura 2.14.- Diagrama de flujo del proceso Hydrocopper y planta demo en Pori, Finlandia.

2.2.2.2.5. Mount Gordon [70]

El proceso Mount Gordon fue desarrollado por Bateman Kinhill en 1998. El costo capital de la planta instalada es de A$105 millones, con costos de operación alrededor de los US$37 cts/lb de cobre producida, se pretende disminuirlo a US$30 cts/lb.

La planta instalada por la compañía Western Metals de Perth, se compone de una lixiviación empleando iones férricos con una baja presión de oxidación y una molienda en el mineral de -75 µm. La recuperación del cobre en solución se obtiene por medio de extracción por solventes y electrólisis.

Inicialmente, se alimentó al proceso mineral de calcopirita explotado de la mina Esperanza (7.5 %Cu), después se logró introducir concentrados de calcocita (baja ley) del depósito Mammoth. Hoy en día la planta es capaz de producir 50,000 t/año de cobre electrolítico y con la posibilidad de obtener, a futuro, un subproducto de cobalto.

Las pruebas de laboratorio indican que el proceso es también aplicable al tratamiento de calcopirita, empleando una molienda fina y la instalación de una planta de oxígeno. Sin embargo aún no se han realizado pruebas para la recuperación de metales preciosos.

2.2.2.2.6. Proceso Activox [70]

El proceso Activox se desarrolló por la compañía Western Minerals Technology en Perth. Se han construido 3 plantas piloto para diferentes tipos de concentrados. La compañía pone en marcha esta tecnología para su comercialización por medio de licencias.

El proceso se basa en la lixiviación de cobre a 100 °C a baja presión de oxidación, empleando una molienda ultrafina de 5-15 µm (dependiendo de la materia prima) y puede aplicarse a calcopirita y a calcocita. Además integra una etapa de recuperación de oro vía cianuración.

Las ventajas que presenta este proceso son:

- Baja presión de oxígeno.
- Temperatura menor a 120°C.
- Pueden instalarse plantas económicamente factibles de 10,000 t/año.
- El hierro precipita como hematita o goethita.

2.2.2.2.7. Biolixiviación [70]

La lixiviación de la calcopirita muestra mejoría al utilizar bacterias [21] y aplicar un gradiente de potencial [71] [72] [73]. La biolixiviación se realiza a temperaturas 35 - 70 °C y emplean varios tipos de bacterias dependiendo de la temperatura. Los minerales secundarios de cobre como la calcocita son lixiviados efectivamente con bacterias mesofílicas a 35 - 40 °C.

Para la lixiviación de calcopirita las bacterias termofílicas moderadas (45 - 50 °C) o termofílicas extremas (70 - 80 °C) tienen una mejor efectividad. Para este proceso se debe considerar una molienda ultrafina para mejorar la extracción de cobre del concentrado de calcopirita, a expensas del alto consumo energético (molienda) y problemas de separación sólido líquido.

La recuperación de cobre y oro se encuentra superior al 90%, el consumo de cianuro depende de la cantidad de azufre elemental en el residuo, que a su vez depende del grado de oxidación durante la lixiviación. Por otra parte, la recuperación de plata varía según la mineralogía del concentrado.

Este proceso tiene las ventajas de emplear un equipo a presión atmosférica y la ausencia de un tanque de almacenamiento de oxígeno. El costo capital es más bajo que el de fusión y el proceso se considera disponible para operaciones relativamente pequeñas.

Existen 2 fuertes desarrollos tecnológicos enfocados a comercializar cobre mediante esta alternativa: Billiton BioCOP Technology y BacTech/Mintek Technology.

2.2.2.3. Remoción de azufre elemental.

Las reacciones que se llevan a cabo en la etapa de lixiviación generan azufre elemental, éste es considerado como un cianicida, ya que disminuye la rentabilidad del proceso de cianuración para la recuperación de valores del residuo de la lixiviación.

En la literatura existen diversos mecanismos para la remoción de azufre elemental. Mediante el calentamiento de la suspensión de lixiviación hasta los 140 °C para evaporar el azufre elemental y separarlo en una cámara de flasheo a 120 °C [(51)] [(52)].

Existe un proceso de la disolución selectiva del azufre elemental con solventes orgánicos como el tetracloroetileno, queroseno, petróleo diáfano, tricloroetileno, etil ciclohexano, tratacloruro de carbono, tetracloroetano y mezclas entre ellos (53) (54) (55). El mecanismo se refiere a la afinidad química entre los solventes orgánicos formando compuestos organosulfurosos.

Existe otro proceso mediante el cual el azufre elemental puede lixiviarse con una solución de sulfuro de sodio, las reacciones se realizan con los sulfatos del sólido para generar una solución intermedia de polisulfuros y finalmente una solución de sulfato de sodio y un sólido con sulfuros. Las reacciones se muestran a continuación (56).

$$Na_2S + (x+y)S^\circ = Na_2S_{(1+x+y)} \quad (2.51)$$

$$PbSO_4 + Na_2S_{(1+x+y)} = PbS + Na_2SO_4 \quad (2.52)$$

2.2.2.4. Precipitación de hierro

El hierro es el cuarto metal más abundante de la corteza terrestre, principalmente se asocia al oxígeno y/o al azufre formando compuestos como: hematita, magnetita, wustita, pirita, pirrotita, calcopirita, etc...

La industria extractiva genera efluentes ácidos que contienen, en la mayoría de casos, metales pesados como zinc, cobre y hierro (74); esto produce la contaminación de suelo y agua del medio ambiente. Debido a esto, existen procesos para la precipitación, adsorción (75) y purificación de los efluentes contaminados.

La solubilidad del hidróxido férrico se muestra en la figura 2.15, se puede observar que la precipitación de hierro de un líquido proveniente de una lixiviación ácida, requiere de una neutralización hasta alcanzar pH entre 3.5 - 12.5 (77). Los agentes más comunes para neutralizar son: hidróxido, óxido o carbonato de calcio, óxido de magnesio (75), hidróxido o carbonato de sodio (76), etc...

La especie precipitada de hierro depende de las condiciones y concentraciones de algunos elementos en el líquido como: potasio, arsénico, sodio, plata, plomo y calcio. Algunos autores reportan la precipitación de hidróxido férrico, goethita, paragoethita, hematita, arseniato férrico o alguna especie de jarosita [13] [79].

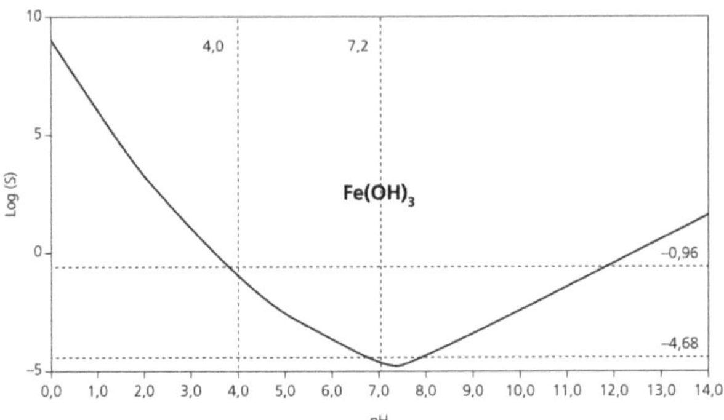

Figura 2.15.- Diagrama de solubilidad del hidróxido férrico [75].

Todos los procesos de lixiviación de concentrados de calcopirita, mencionados en el apartado anterior, contienen una etapa de precipitación o purga de hierro. Debido a que la descomposición química de la calcopirita libera hierro en la solución como se muestra en la reacción 2.7.

Las principales reacciones para la precipitación del hierro en solución en medio ácido sulfato son:

$$H_2SO_4 + Ca(OH)_2 = 2H_2O + CaSO_4 \qquad (2.53)$$

$$3Fe_2(SO_4)_3 + 3CaCO_3 + 2H_2O = 2Fe_3(SO_4)_2(OH)_6 + 3CaSO_4 + 3CO_2 + 2H_2SO_4 \qquad (2.54)$$

$$Fe_2(SO_4)_3 + 6H_2O = 2Fe(OH)_3 + 3H_2SO_4 \qquad (2.55)$$

Además, cabe mencionar que algunos procesos que emplean alta presión (30 atm) y temperatura (220°C) como el Sepon Copper, pueden llegar a precipitar hematita a partir de concentrados de pirita.

2.2.2.5. Recuperación de valores

La recuperación de valores es una de las etapas más importantes en los procesos metalúrgicos ya que por lo general son aquellos que logran la factibilidad económica de los proyectos.

Existen procesos tradicionales en donde los minerales refractarios de oro y plata provenientes de la flotación son tratados en un tostador; el proceso genera SO_2 al ambiente y los elementos como el antimonio y el plomo disminuyen la permeabilidad del óxido resultante [(80) (81) (82)].

Actualmente, la cianuración es el proceso convencional para la separación de metales preciosos como oro y plata de concentrados minerales más eficiente y efectivo [(81) (83)]. Las reacciones 2.54 y 2.55 muestran la formación de complejos cianuro-oro y cianuro-plata:

$$4\ Au + 8\ CN^- + O_2 + 2\ H_2O \rightarrow 4\ Au(CN)_2^- + 4OH^- \quad (2.56)$$

$$4\ Ag + 8\ CN^- + O_2 + 2\ H_2O \rightarrow 4\ Ag(CN)_2^- + 4OH^- \quad (2.57)$$

Como se puede observar, la reacción de cianuración requiere de un agente oxidante, así estos procesos pueden clasificarse en ácida y alcalina, y según el tipo de oxidación: oxidación atmosférica, oxidación biológica [(84) (85)] y oxidación a presión [(82)]. Éste último es el más aplicado y con mayor expectativa de desarrollo.

Comparado con el de tostación, el procedimiento de oxidación a presión tiene como pretratamiento a la cianuración, las siguientes ventajas: elevados porcentajes de extracción de oro de los concentrados oxidados; altas recuperaciones de oro de los minerales o concentrados; es selectivo con respecto a impurezas tales como antimonio, arsénico, plomo y mercurio; ofrece una gran facilidad de manejo y tratamiento de las impurezas y por lo tanto menor impacto ambiental [(80) (81) (82)]. Existen procesos que emplean condiciones de 80 °C y 550 kPa en medios alcalinos cianurados [(83) (86)].

2.2.2.6. Extracción por solventes

Las soluciones que contienen entre 1 – 6 g/L de cobre, 0.5 – 5 g/L de ácido sulfúrico y además de algunas impurezas como el hierro y el manganeso; son soluciones diluidas que no pueden procesarse directamente en electrólisis. Antes, se someten al proceso de extracción por solventes para incrementar la concentración de cobre y disminuir las impurezas [11].

El proceso de extracción por solventes consta de 3 etapas: (1) extracción de cobre de la solución impura por medio de un solvente orgánico; (2) separación de la fase orgánica cargada de cobre, de la fase líquida inicial (sin cobre), por medio de un tanque asentador; y (3) liberación del cobre de la fase orgánica al incrementar el pH (185 g/L H_2SO_4) en la solución orgánica. La reacción 2.51 es reversible y como se observa es la reacción que integra las etapas de extracción por solventes llevándose a cabo a temperatura ambiente [11].

$$Cu^{2+} + SO_4^{2-} + 2RH \leftrightarrow R_2Cu + 2H^+ + SO_4^{2-} \quad (2.58)$$

2.2.2.7. Electrólisis

El cobre grado electrolítico es producido por el proceso de electrólisis, a partir de una solución (electrolito) cargado con iones cúpricos. El proceso de electrólisis es similar al proceso de electrorefinación excepto por que el ánodo es inerte (plomo u óxido de iridio recubierto de titanio) [11].

Las principales reacciones electroquímicas que se presentan en esta etapa son [11]:

$$H_2O \rightarrow 0.5\ O_2 + 2\ H^+ + 2e^- \quad (2.59)$$

$$Cu^{2+} + 2e^- \rightarrow Cu^\circ \quad (2.60)$$

Como se observa, las reacciones se llevan a cabo por la liberación de 2 electrones al aplicar una corriente eléctrica a los ánodos. Las condiciones de operación requeridas son 60 °C y 2 V. El producto obtenido contiene menos de 20 ppm de impurezas [(11)].

III. PROCEDIMIENTO

El desarrollo experimental del proceso de lixiviación directa de concentrados de calcopirita, se realizó en un reactor tanque agitado a presión con oxígeno (figura 3.1); bajo condiciones de operación obtenidas con base en la vigilancia tecnológica, fundamentos metalúrgicos y pruebas exploratorias.

Figura 3.1.- Reactor tanque agitado a presión con oxígeno, diseñado para la lixiviación directa de concentrados de calcopirita.

El proceso hidrometalúrgico para el tratamiento de concentrados de cobre, tiene como objetivo la integración de un proceso que permita extraer el cobre y recuperar los valores como oro y plata en un concentrado.

Las etapas que integran el proceso son: Lixiviación, enfriamiento, remoción de azufre elemental, recuperación de valores y purificación de hierro. En la figura 3.2 se muestra el diagrama de bloques del proceso hidrometalúrgico para el tratamiento de concentrados de calcopirita.

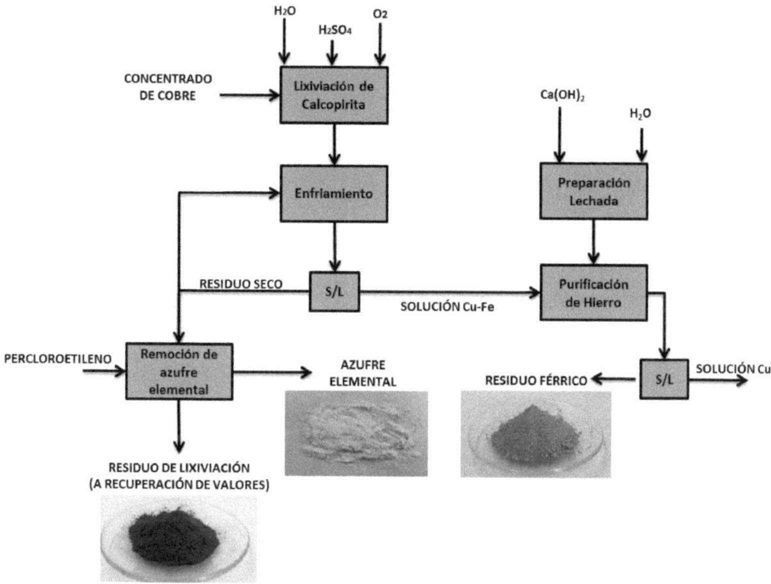

Figura 3.2.- Diagrama de flujo del proceso hidrometalurgico para el tratamiento de concentrados de cobre.

Como metodología experimental, en la figura 3.3 se muestra el esquema propupesto para el desarrollo del proyecto.

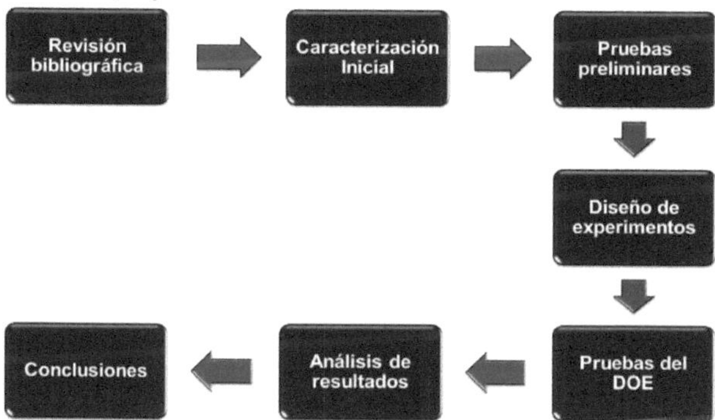

Figura 3.3.- Esquema del desarrollo del proyecto.

3.1. CARACTERIZACIÓN INICIAL

El concentrado de cobre empleado para este proyecto, son un subproducto obtenido de la flotación selectiva del mineral de plomo-zinc.

El concentrado de cobre base calcopirita, se caracterizó por análisis químico, difracción de rayos X (Ver difractogramas en anexo D, apartado D.1), distribución de tamaño de partícula y microscopía electrónica de barrido, de éste último cabe señalar que se empelaron módulos como microanálisis puntuales y distribución elemental por análisis de la energía dispersada (EDS), además se empleó el equipo Mineral Liberation Analyzer (MLA, para el análisis modal) para determinar la asociación de plata con las especies en el concentrado de cobre. En el Anexo C y apartado C.1, se presenta los fundamentos teóricos de los métodos empleados para la caracterización de las muestras.

3.1.1. Análisis químico

En la tabla 3.1 se presenta el análisis químico de la muestra inicial del concentrado de cobre. Se observa que la cantidad de oro, plata y cobre es de 1.5 g/t, 493 g/t y 23.76%, respectivamente.

Tabla 3.1.- Análisis químico de la muestra de concentrado de cobre para el estudio.

Elemento	Ag g/T	Au g/T	Cu	Fe	Zn	Al	Ca	As	S	K	Mg	Mo	Na	Pb	Sb	Se	Si	Cd	C	CO_3
%	493.7	1.5	23.76	24.3	6.22	0.23	1.28	0.79	32.4	0.1	0.11	0.06	0	6.33	0.04	0.01	1.06	0.02	0.4	1.1

3.1.2. Características físicas

En la tabla 3.2 se muestran las propiedades físicas del concentrado de cobre, se puede observar que la densidad real es de 4.12 g/mL, debido al alto contenido de plomo, hierro y zinc.

Tabla 3.2.- Características físicas de la muestra inicial de concentrado de cobre.

Características Físicas	Concentrado de cobre	Unidades
Humedad	6.2	%
Ángulo de reposo sin moler	47	°
Densidad real	4.12	g/mL
Densidad aparente	2.8	g/mL

Debido al proceso de obtención, el tamaño de partícula del concentrado de cobre es de 90% -325 mallas, y no existe segregación en el concentrado de cobre. En la figura 3.4 se muestra la distribución del tamaño de partícula del concentrado de cobre.

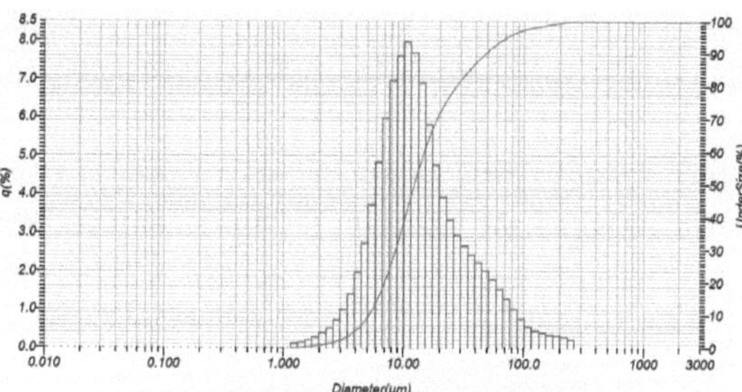

Diámetro Esférico Equivalente	Concentrado de cobre (µm)
D90%	47.61
D50%	11.97
D10%	5.22

Figura 3.4.- Distribución del tamaño de partícula del concentrado de cobre.

3.1.3. Caracterización Mineralógica

La composición mineralógica del concentrado de cobre se determinó por los resultados de difracción de rayos X y el análisis químico; empleando el software HSC 8.0 en el módulo Species Converter. En la tabla 3.3 se muestra la reconstrucción mineralógica de las especies.

Tabla 3.3.- Reconstrucción mineralógica del concentrado de cobre.

Compuestos		Concentrado de cobre (% peso)
Calcopirita	$CuFeS_2$	72.5
Galena	PbS	7.6
Esfalerita	ZnS	9.5
Yeso	$CaCO_3$	3.1
Pirita	FeS_2	4.9

Se puede observar que las especies que contiene el concentrado de cobre principalmente son calcopirita, galena, esfalerita (con bajo contenido de hierro), pirita y carbonato de calcio. Cabe señalar que la mayor cantidad de cobre se encuentra en la calcopirita y que la baja cantidad de carbonatos no afectan la operación del reactor.

Con el fin de soportar los resultados obtenidos por difracción de rayos X y análisis químico, en la tabla 3.4 se presentan los resultados del análisis modal. Las especies fueron identificadas mediante microscopía electrónica de barrido (MEB) y el equipo, Mineral Liberation Analyzer (MLA); su composición química se expresa en porciento en peso.

En general, el mineral contiene como especie principal calcopirita. Sin embargo, también fue identificada tetraedrita como especie secundaria de cobre y plata nativa y freibergita como la especie que contiene plata.

Tabla 3.4.- Análisis modal realizado por MEB-MLA del concentrado de cobre.

Grupo	Mineral	Fórmula	Velardeña (%peso)
Sulfuros	Galena	PbS	9.31
	Esfalerita	ZnS	11.09
	Calcopirita	$CuFeS_2$	68.65
	Tetraedrita②	$(Cu_{0.8}Fe_{0.1}Zn_{0.1})_{12}(Sb_{0.8}As_{0.2})_4S_{13}$	0.08
	Pirita	FeS_2	2.26
	Pirrotita	FeS	2.00
	Arsenopirita	$FeAsS$	1.27
Especies de plata	Ag nativa	Ag	0.16
	Freibergita	$(Ag_{0.3}Cu_{0.6}Fe_{0.1})_{12}Sb_4S_{13}$	0.01
	Enargita	Cu_3AsS_4	0.001
Gangas y otras especies de óxidos	Andradita	$Ca_3Fe_2Al(SiO_4)_3$	0.41
	Apatito	$Ca_5(PO_4)_3(F, Cl, OH)$	0.00
	Augita	$(Ca,Mg,Fe)_2(Si,Al)2O_6$	0.27
	Biotita	$K(Mg, Fe)_3AlSi_3O_{10}(OH, F)_2$	0.09
	Calcita	$Ca(CO_3)$	1.35
	Clorita	$(Mg,Fe)_3(Si,Al)_4O_{10}(OH)_2\cdot(Mg,Fe)_3(OH)_6$	0.10
	Cuarzo	SiO_2	0.48
	Diopsido	$CaMgSi_2O_6$	0.23
	Grosularita	$Ca3Al_2Si_3O_{12}$	0.36
	Labradorita	$(Ca_{0.6}Na_{0.4})Si_2AlO_8$	0.18
	Ortoclasa	$K(AlSi_3O_8)$	0.48
	Ox_Fe	Fe_xO_y	0.14
	Titanita	$CaTiSiO_5$	0.02
	Otros	-	0.95

Por otra parte, se realizaron microanálisis puntuales por la técnica de MEB-EDS. En la figura 3.5 se observan las imágenes de electrones.

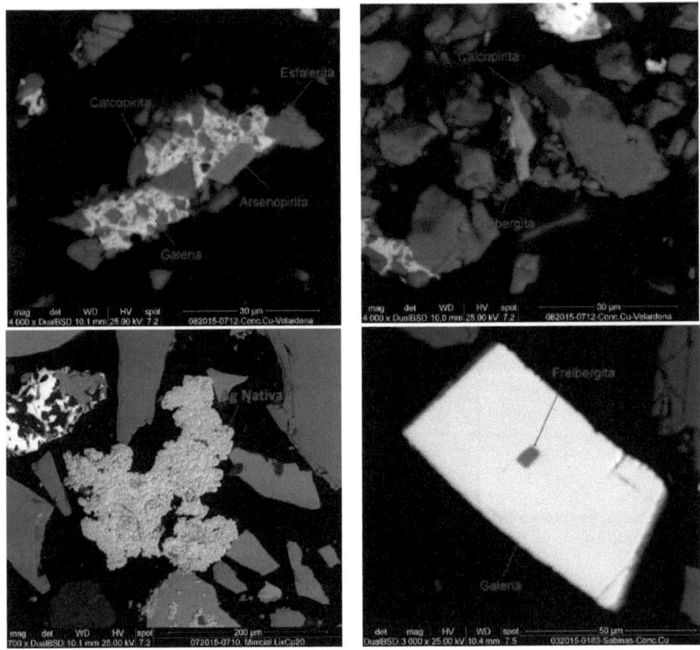

Figura 3.5.- Imágenes de electrones obtenida por MEB de la muestra de concentrado de cobre.

También, en la figura 3.6 y 3.7 se muestran los microanálisis de distribución elemental realizados por MEB-EDS del concentrado de cobre base calcopirita.

Mediante esta técnica es posible observar la distribución de los elementos en la muestra inicial. En el caso de la plata, se encuentra asociada con antimonio, cobre y azufre (freibergita). Sin embargo es posible detectarla en cercanía con arsenopirita.

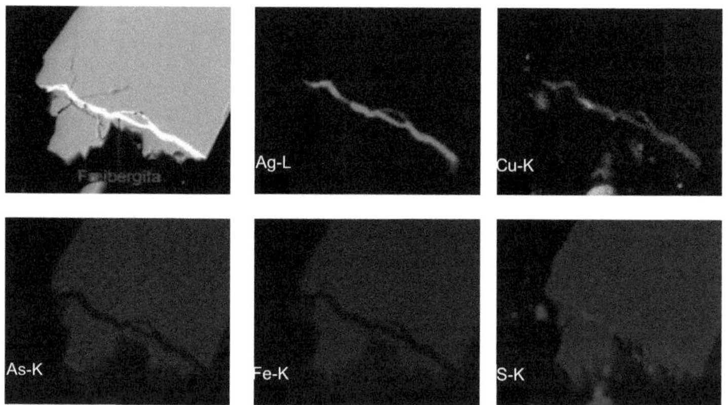

Figura 3.6.- Microanálisis de distribución elemental en el concentrado de cobre (partícula Galena).

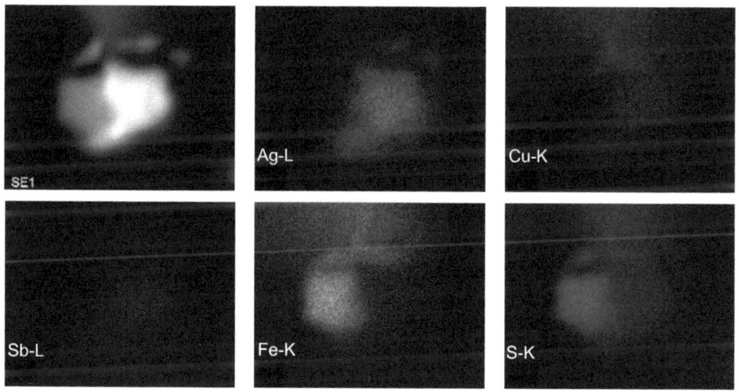

Figura 3.7.- Microanálisis de distribución elemental en el concentrado de cobre (partícula de freibergita).

En este capítulo, se puede observar que de todos los métodos de caracterización, se obtienen resultados similares en donde se determina que el concentrado de cobre se encuentra constituido por calcopirita, galena, esfalerita, pirita y plata nativa, como las especies más importantes para el desarrollo de este estudio.

3.2. DESARROLLO EXPERIMENTAL

3.2.1. Etapa de Lixiviación

El principal objetivo de la etapa de lixiviación es obtener una solución de sulfato de cobre-hierro y un sólido con sulfato de plomo, valores (oro y plata) y azufre elemental. En la figura 3.8 se muestra el diagrama de bloques de la etapa.

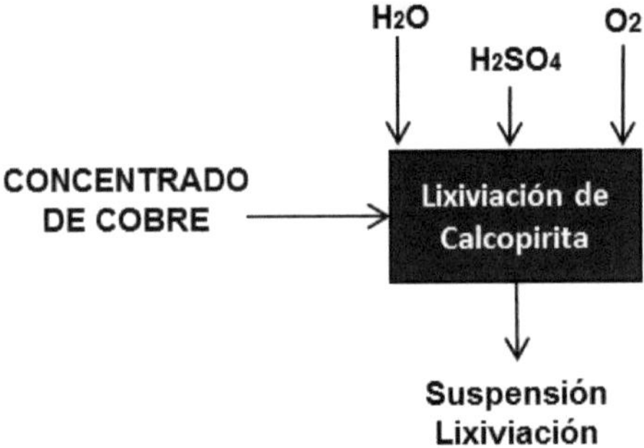

Figura 3.8. Diagrama de bloques de la etapa de lixiviación directa de concentrados de cobre base calcopirita.

El proceso de lixiviación de concentrados de calcopirita, se evaluó a nivel laboratorio en 30 L, con el fin de detectar las variables más importantes que afectan la cinética de extracción de cobre.

La experimentación para la lixiviación se ha desarrollado en dos etapas, la *primera* está dirigido a conocer el efecto de las variables en el proceso lixiviación. A todas las pruebas realizadas bajo estos objetivos se le han denominado pruebas preliminares de lixiviación.

La *segunda etapa* está enfocada a realizar las pruebas del proyecto con un diseño de experimentos definido a partir de las condiciones de las pruebas preliminares. En el siguiente apartado se muestra el desarrollo experimental para las pruebas preliminares y las pruebas del proyecto.

3.2.1.1. Pruebas Preliminares

Las pruebas preliminares de lixiviación, son necesarias para conocer el flujo de la fase gaseosa al seno del líquido y el efecto de las variables principales en el proceso de lixiviación del cobre.

3.2.1.1.2 Efecto de variables

En este apartado se presenta la metodología de las pruebas preliminares, con el objetivo de determinar las variables principales, niveles de estudio y problemas de la operación. En la tabla 3.5 se muestran el diseño de experimentos y resultados de las pruebas preliminares de la etapa de lixiviación.

Los resultados de las pruebas preliminares *A*, *E* y *F* muestran que la variable más importante es la temperatura, ya que se requiere de al menos 95 °C para activar la reacción de lixiviación de calcopirita. Por otra parte, se observó claramente el efecto negativo en el uso de quebracho en pruebas preliminares (*C* y *D*).

Tabla 3.5.- Condiciones de operación y resultados de las pruebas preliminares en la etapa de lixiviación de concentrados de calcopirita.

PRUEBAS PRELIMINARES ETAPA DE LIXIVIACIÓN								
Prueba	T (°C)	Tipo de Concentrado	Aditivos	$[H^+]$ inicial (g/L)	$[Fe^{2+}]$ inicial (g/L)	[Sólidos] inicial (g/L)	t O_2 / t Calcopirita	Extracción de cobre (%)
A	42	Velardeña	Quebracho	85.82	19.77	103.9	0.021	0.55
B	95	Velardeña	Quebracho	85.82	19.77	103.9	0.055	15.18
C	97	Velardeña	-	85.82	8.66	103.9	0.176	92.99
D	97	Velardeña	Quebracho	85.82	8.66	103.9	0.063	14.95
E	97	Velardeña	-	130.0	8.66	103.9	0.177	97.08
F	97	Velardeña	-	130.0	-	103.9	0.179	97.46
G	97	Velardeña	aire	130	3.74	103.9	0.022	10.42

Se ha planteado la hipótesis: *En grandes cantidades, las partículas de quebracho forman una capa hidrofílica y reductora que impide el contacto entre los agentes oxidantes (oxígeno y ion férrico) de la lixiviación* (figura 3.9).

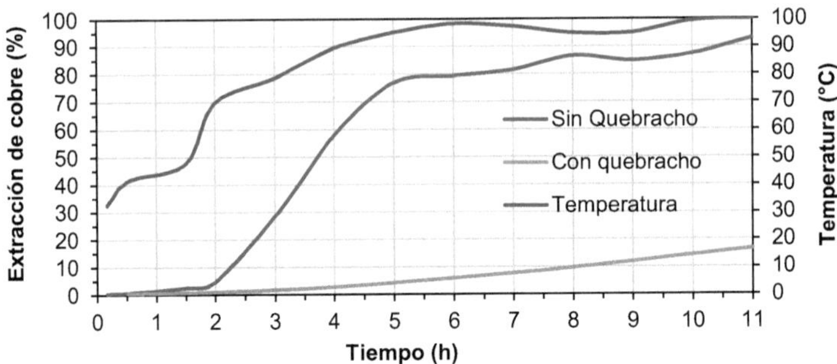

Figura 3.9.- Efecto de quebracho en la lixiviación de cobre de concentrados de calcopirita de las pruebas C (sin quebracho) y D (con quebracho).

Por otra parte, en la figura 3.10 se presentan los resultados de la prueba *C*. Se puede observar que la pendiente de extracción de cobre sufre una pasivación considerable a las 5 h de prueba, debido a la baja acidez en el sistema o a la precipitación del hierro como plumbojarosita; además se muestra que la solución final requiere de al menos 25 g/L de ácido sulfúrico para evitar la precipitación de plumbojarosita en el residuo (reacción 3.1).

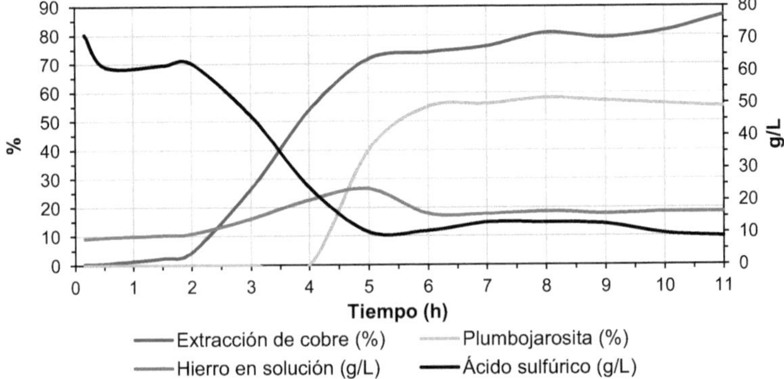

Figura 3.10.- Porcentaje de plumbojarosita en el residuo, extracción de cobre y concentración de hierro y ácido sulfúrico en solución vs el tiempo.

$$3Fe_2(SO_4)_3 + 12H_2O + PbSO_4 = 2Pb_{0.5}Fe_3(SO_4)_2(OH)_6 + 6H_2SO_4 \quad (3.1)$$

Es importante señalar que con una concentración de ácido sulfúrico inicial de 85 g/L de la prueba *C*, se alcanza una acidez final de 10-15 g/L y una disminución de hierro en solución de 23.6 a 15.8 g/L.

En la figura 3.11 se muestra la caracterización por difracción de rayos X y microanálisis puntual MEB-EDS, en el ANEXO D en el apartado la D.1 se muestra el difractograma del residuo de lixiviación con plumbojarosita; mientras que en la figura 3.12 se presenta una imagen del residuo y la solución de la prueba *C*.

Compuestos		**Residuo final** Prueba C
		% peso
Calcopirita	$CuFeS_2$	11
Pirita	FeS_2	9
Anglesita	$PbSO_4$	-
Cuarzo	SiO_2	3
Azufre	S_8	16
Plumbojarosita	$PbFe_6(SO_4)_4(OH)_{12}$	55
Otros*		5

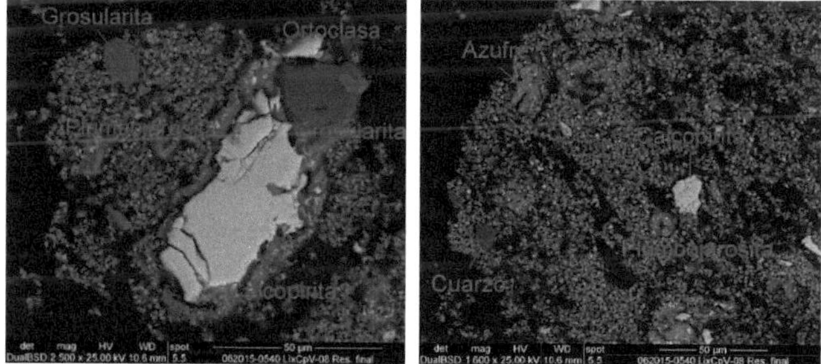

Figura 3.11.- Microanálisis por MEB-EDS y DRX-FRX en el residuo de lixiviación de calcopirita en la prueba *C*.

Por otra parte, cabe mencionar que en algunas pruebas preliminares, la separación sólido-líquido con medio filtrante no es la más adecuada, ya que el tiempo de filtrado se prolonga durante días para separar sólo 24 L.

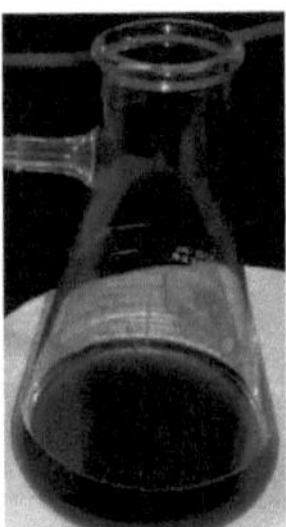

Figura 3.12.- Imágenes del residuo (plumbojarosita) y la solución despues del proceso de lixiviación en las pruebas preliminares.

Esto se debe principalmente al incremento en la viscosidad con la presencia del ión férrico y al contenido de silicio en el concentrado, el cual es parcialmente soluble, generando ácido ortosilícico (H_4SiO_4) que mediante su descomposición se transforma en sílice gel, catalogado como un coloide en las suspensiones. Las reacción se muestra a continuación:

$$H_4SiO_4 = SiO_{2\,(gel)} + H_2O \qquad (3.2)$$

Cabe señalar que esta situación se presenta comunmente en las plantas electrolíticas de zinc ocasionando problemas en las etapas de espesamiento ya que el sílice gel, no flocula, ni coagula y ocasiona dificultad en la separación sólido-líquido mediante filtros prensa o cualquier método que emplee un medio filtrante [(90)].

Las pruebas *E* y *F* muestran que no es necesario la adición de sulfato ferroso al inicio de la etapa de lixiviación. Se considera que bajo las condiciones ácidas-oxidantes, la variable química más importante para la descomposición de la calcopirita es la temperatura, ya que descomposición genera las reacciones indirectas en cadena al lixiviar el hierro presente en el concentrado de cobre.

En la prueba *G* se realizó inyectando aire al reactor, se observa que la extracción de cobre es mucho menor que empleando oxígeno.

Por otra parte, como se mencionó anteriormente, el concentrado presenta un bajo contenido de carbonatos en su composición química; no obstante, se debe considerar una etapa previa a la lixiviación, de ataque con solución ácida a presión atmosférica, para descomponer los carbonatos. El fundamento de esta operación se debe a que el dióxido de carbono (CO_2) generado durante la etapa de lixiviación, ejerce una presión parcial que contrarresta la actividad del oxígeno en la reacción de lixiviación.

Las principales reacciones a llevar a cabo en esta etapa de prelixiviación son:

$$CaCO_3 + H_2SO_4 = CaSO_4 + H_2O + CO_2 \quad (3.3)$$

$$PbCO_3 + H_2SO_4 = PbSO_4 + H_2O + CO_2 \quad (3.4)$$

3.2.1.1. Pruebas del proyecto

Se ha considerado un diseño de experimentos Taguchi de 3^3, para las pruebas de la etapa de lixiviación. El diseño contempla 3 factores: tamaño de partícula, temperatura y acidez inicial; y 3 niveles como se muestra en la tabla 3.6. Además con el fin de generar la información suficiente para el cálculo de la energía de activación se añade una décima prueba con una temperatura diferente.

Tabla 3.6.- Diseño de experimentos Taguchi 3^3 para las pruebas de la etapa de lixiviación.

No. de prueba	Tamaño de Partícula (Mallas)	Acidez inicial (g/L)	Temperatura (°C)
1	-200	100	80
2	-200	130	90
3	-200	155	100
4	-140 +200	100	90
5	-140 +200	130	100
6	-140 +200	155	80
7	-100 +140	100	100
8	-100 +140	130	80
9	-100 +140	155	90
10	-100 +140	130	50

Las pruebas a nivel laboratorio en 30 L de la etapa de lixiviación de calcopirita en medio sulfato, se inicia con adición de los reactivos al reactor de 30 L. En el Anexo B.1 y B.2 se muestra la hoja de prueba empleada para la etapa de lixiviación. Primero se añade agua caliente (85°C) al reactor y se inicia la agitación a bajas revoluciones; después, se suministra el concentrado de calcopirita a tratar según la estequiometría de la reacción 2.7 para generar una solución final con 25 g/L de cobre.

En seguida se alimenta el ácido sulfúrico (98% pureza) en función de la concentración de cobre, hierro, zinc, plomo y carbonatos en el concentrado de cobre, además se debe considerar que la solución final tenga al menos 35 g/L de acidez; esto da inicio a la reacción de lixiviación. Se procede con el cierre del reactor y se incrementa la agitación hasta las 550 RPM, finalizando con la presurización con oxígeno a 1 kg/cm^2.

3.2.2. Etapa de Enfriamiento

Con el fin de incrementar el margen económico del proceso, se ha propuesto una etapa de enfriamiento de la suspensión resultante, posterior a la etapa de lixiviación y anterior de la separación sólido-líquido. El objetivo principal es la reprecipitación de la plata disuelta (sulfato de plata) en la solución ácida como plata elemental (por cementación) y/o sulfuro de plata (precipitación), mediante la disminución del potencial óxido-reducción y la temperatura. En la figura 3.13 se muestra el diagrama de bloques de la etapa de enfriamiento.

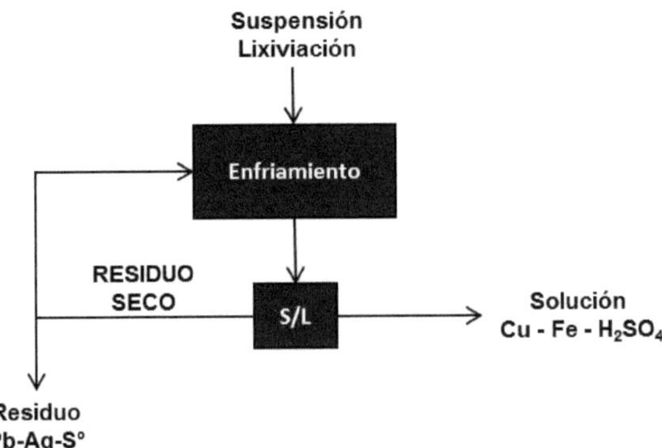

Figura 3.13. Diagrma de bloques de la etapa de enfriamiento del proceso hidrometalúrgico para el tratamiento de concentrados de calcopirita.

El proceso de enfriamiento se llevó a cabo en un vaso de precipitado de 2 L donde la suspensión resultante de la etapa de lixiviación se agitó a 300 RPM durante 12 h. Se registró el potencial óxido-reducción, temperatura, tiempo, cantidad iones férricos y plata en la solución.

Se realizaron 13 pruebas de enfriamiento de la solución de lixiviación. En la tabla 3.7 se muestran las condiciones iniciales cuando se filtran y analizan en caliente.

Tabla 3.7.- Condiciones iniciales de la solución en la etapa de enfriamiento.

Pruebas	Solución filtrada y analizada en caliente			
	T °C	ORP ENH	$[Fe^{2+}]$ g/L	[Ag] ppm
1	101.3	0.726	7.77	2.70
2	101.3	0.726	10.51	2.70
3	97.6	0.712	5.08	3.12
4	92.6	0.702	8.28	1.66
5	99.7	0.756	6.14	3.60
6	98.0	0.762	5.33	7.00
7	96.6	0.732	5.22	6.00
8	101.3	0.726	4.11	2.70
9	95.5	0.742	6.44	9.12
10	99.0	0.732	6.64	11.92
11	98.8	0.739	9.54	8.32
12	101.6	0.743	5.64	5.88
13	95.8	0.727	6.16	4.68

3.2.3. Etapa de remoción de azufre elemental

La etapa de remoción de azufre elemental, se basa en la disolución selectiva del azufre elemental contenido en el residuo de lixiviación con tetracloroetileno, y su posterior precipitación; con el principal objetivo de generar un residuo de lixiviación sin azufre elemental para la recuperación de valores por el método de cianuración a presión. En la figura 3.14 se muestra el diagrama de bloques del proceso de remoción de azufre elemental.

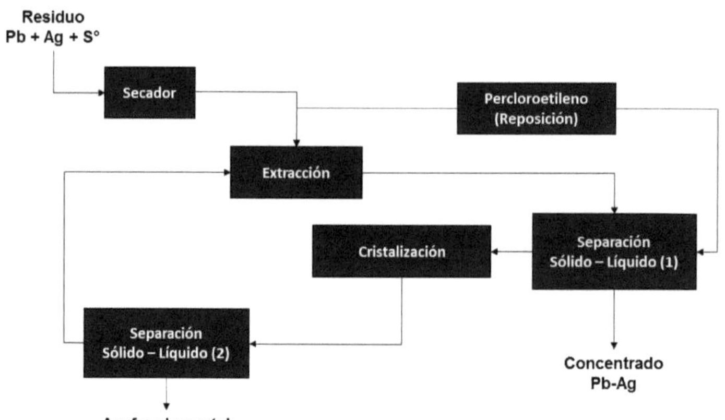

Figura 3.14. Diagrama de bloques de la etapa de remoción de azufre elemental.

En la tabla 3.8 se muestra el diseño de experimentos para la etapa de remoción de azufre elemental.

Tabla 3.8.- Diseño de experimentos de la etapa de remoción de azufre elemental.

No. Prueba	Solvente Orgánico	Temperatura	Concentración S°/L solvente
1	Tetracloroetileno	50	20
2		60	30
3		70	30
4	Queroseno	50	20
5		60	30
6		70	30
7	Petróleo Diáfano	50	20
8		60	30
9		70	30

Con el fin de determinar el solvente orgánico como agente extractante, se realizaron las curvas de solubilidad de azufre elemental en queroseno, petróleo diáfano y tetracloroetileno, los resultados se muestran en la figura 3.15.

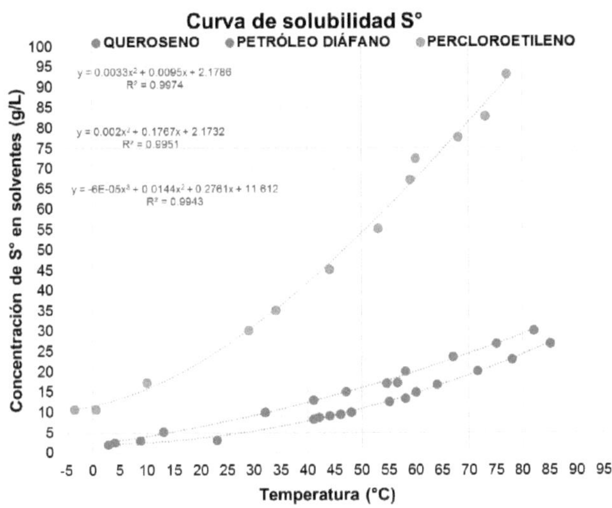

Figura 3.15.- Curvas de solubilidad de azufre elemental en diferentes solventes orgánicos.

La operación se realiza en dos etapas: (1) *Etapa de extracción de azufre elemental*, donde se añade tetracloroetileno al residuo de lixiviación seco según la relación de azufre elemental por litro de tetracloroetileno requerida, a la temperatura de prueba con agitación a 333 RPM (vaso de 4 L) durante 1 h; después se realiza la separación sólido-líquido de la suspensión en caliente. (2) *Etapa de precipitación de azufre elemental*, se lleva a cabo con la disminución de temperatura del solvente cargado (tetracloroetileno-azufre) entre 4 a 10 °C, con una agitación de 50 RPM durante 1 h, y se finaliza con la separación sólido-líquido en frío. El tetracloroetileno despojado de azufre elemental, se recircula a la etapa de extracción.

3.2.4. Etapa de Purificación de Hierro

Como se mencionó con anterioridad, la fase líquida obtenida de la etapa de lixiviación contiene en su mayoría sulfato de cobre y hierro. Por lo tanto, la etapa de purificación de hierro tiene como objetivo la precipitación (remoción) de hierro de la solución proveniente de la etapa de lixiviación, con el fin de producir una solución de sulfato de cobre, y un residuo férrico compuesto de yeso y jarosita estable al medio ambiente. En la figura 3.16 se muestra el diagrama de bloques del proceso de remoción de hierro de la solución de cobre-hierro-ácido sulfúrico.

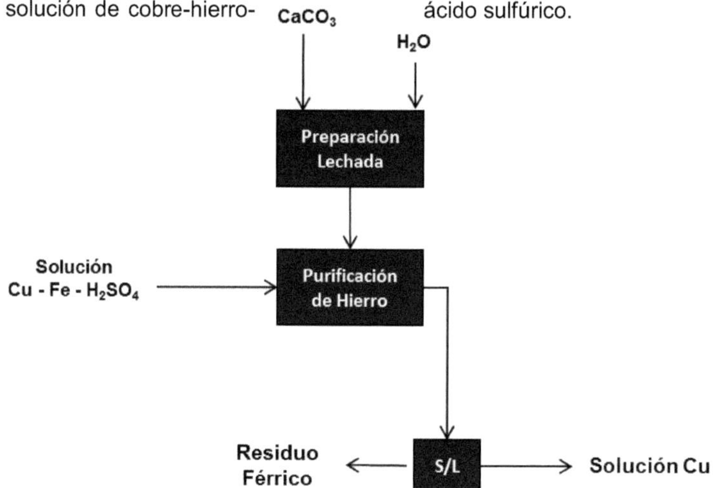

Figura 3.16.- Diagrama de bloques de la etapa de remoción de hierro.

El proceso de precipitación de hierro depende del pH, del estado de oxidación del hierro, agente neutralizante y temperatura; para obtener un residuo férrico (Jarosita) estable al medio ambiente. En la tabla 3.9 se muestra el diseño de experimentos para la etapa de precipitación de hierro.

Tabla 3.9.- Diseño de experimentos para la etapa de precipitación de hierro.

No. prueba	Temperatura (°C)	Reactivo	pH final
1	50	$Ca(OH)_2$	2.5
2	50	$Ca(OH)_2$	2.7
3	70	$Ca(OH)_2$	2.7
4	50	Na_2CO_3	2.7
5	50	Na_2CO_3	2.5
6	70	Na_2CO_3	2.5
7	70	$CaCO_3$	2.7
8	50	$CaCO_3$	2.5
9	50	$CaCO_3$	2.7

El proceso se realizó en un vaso de precipitado en 4 L, con agitación de 800 RPM con una flecha de doble impulsor, motor marca Caframo y 4 bafles, para control de temperatura se empleó una parrilla eléctrica marca Corning. Para la medición de temperatura se empleó un RTD conectado a un adquisidor de datos marca Graphtec Datalogger. El pH se midió con un electrodo marca Cole-Parmer de doble junta, cuerpo epóxico, con intervalo de pH: de 0 a 14, rango de temperatura de 0 a 80 °C, conector tipo BNC enlazado a un pHmetro OrionStar.

El procedimiento consta de 3 etapas: La *Etapa 1* inicia con la adición de la solución de la etapa de lixiviación al vaso de precipitado, después se inicia el motor agitador a bajas revoluciones, se enciende el calentamiento y se ajusta a la temperatura deseada. Una vez alcanzada la temperatura, se inicia con la adición del agente neutralizante hasta alcanzar el pH 2.0. La *Etapa 2* continúa con la adición del agua oxigenada hasta asegurar un potencial de óxido-reducción por encima de 0.45 V (Ag/AgCl), cabe señalar que se debe de seguir ajustando el pH en 2.0 con agente neutralizante; una vez que el potencial ya no varía, inicia la *Etapa 3* con el incremento de pH 2.0 a pH final de prueba con la adición de agente neutralizante, además se deberá asegurar el potencial por encima de 0.45 V con agua oxigenada. Una vez que se alcanza el pH final y el potencial por encima de 0.45 V, se deja reaccionar 1 h en esas condiciones para después llevar a cabo la separación sólido líquido.

En el apartado B.5 y B.6 del Anexo B, se muestra la hoja de prueba empleada para las pruebas de purificación de hierro. En la figura 3.17 se muestra el proceso de remoción de hierro gráficamente.

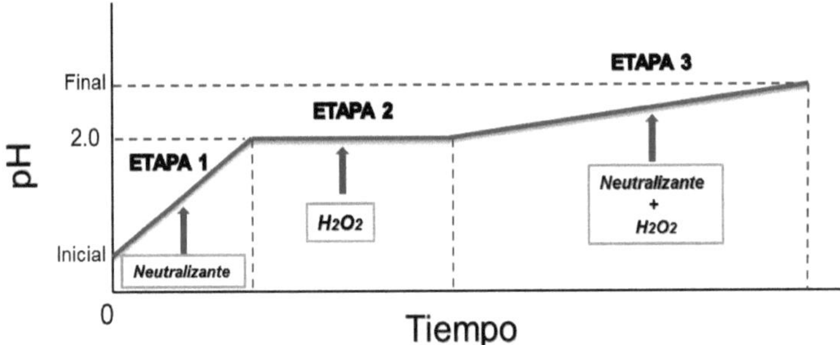

Figura 3.17. Procedimiento gráfico de la etapa de remoción de hierro.

Durante la prueba se registró tiempo, potencial óxido reducción, cantidad de agente neutralizante dosificado, temperatura y pH.

3.2.5 Etapa de Recuperación de valores

El residuo obtenido de la etapa de remoción de azufre elemental contiene valores como oro, plata y plomo; por lo tanto su recuperación está considerada como parte fundamental del proceso debido al activo económico que representa. En la figura 3.18 se muestra el diagrama de bloques de la etapa de lixiviación a presión con cianuro para la recuperación de valores.

Se realizaron 2 pruebas de cianuración a presión en un autoclave Parr de titanio y volumen de 1L a temperatura de 75 °C, presión de 60 psi, concentración de sólidos de 250 g/L con un tiempo de residencia de 1.5 h, variando la cantidad de cianuro de sodio y el pH final ajustado con carbonato de calcio. En la tabla 3.10 se muestran las condiciones de pruebas realizadas al residuo de valores.

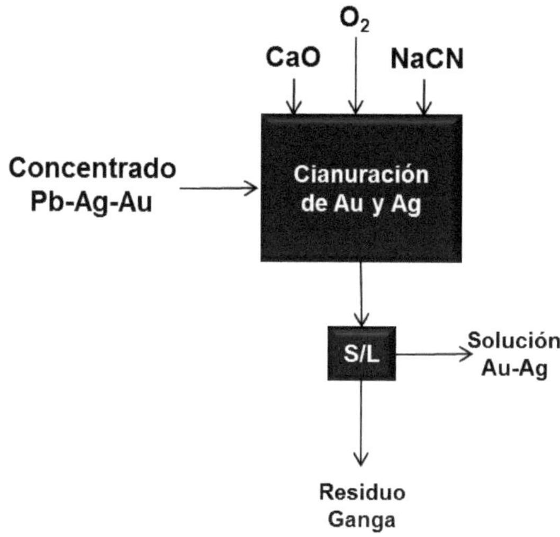

Figura 3.18.- Diagrama de bloques del proceso de lixiviación de valores a presión con cianuro.

Tabla 3.10.- Diseño de pruebas de la etapa de recuperación de valores.

Condiciones de operación	Cianuración a presión con oxígeno	
	Prueba 1	Prueba 2
Temperatura	75 °C	75 °C
Presión	60 Psi	60 Psi
NaCN	10 g	15 g
pH final	10.2	10.8
[sólidos]	250 g/L	250 g/L
Volumen total	1L	1L
tiempo	1.5 h	1.5 h

El procedimiento inicia con la adición de 800 mL de agua a un vaso de precipitado, seguido por el residuo de valores; se agita lentamente y se ajusta el pH de la suspensión con carbonato de calcio al pH requerido. Una vez alcanzado el pH la suspensión se vierte al autoclave Parr y se añade el cianuro de sodio. Se cierra el reactor y se presiona con oxígeno para iniciar la prueba con la rampa de calentamiento, velocidad de agitación y registro de datos.

3.3. DISCUSIÓN Y RESULTADOS

3.3.1. Etapa de Lixiviación

Los resultados de las pruebas de lixiviación del diseño de experimentos Taguchi 3^3, se muestran en éste apartado. En la tabla 3.11 se muestra el diseño de experimentos y resultados de las pruebas de la etapa de lixiviación.

Tabla 3.11.- Diseño de experimentos y resultados de la etapa de lixiviación de concentrados de calcopirita de Velardeña.

DISEÑO DE EXPERIMENTOS EN ETAPA DE LIXIVIACIÓN						
No. prueba	Temperatura (°C)	$[H^+]$ inicial (g/L)	Fracción (Mallas)	[Sólidos] inicial (g/L)	t O_2 / t Cu alimentado	Extracción de cobre (%)
1	80	100	-200	95	0.259	17.98
2	90	130	-200	95	0.662	97.48
3	100	155	-200	95	0.674	97.49
4	90	100	-140 +200	95	0.634	96.8
5	100	130	-140 +200	95	0.662	97.99
6	80	155	-140 +200	95	0.32	18.3
7	100	100	+100-140	95	0.732	97.88
8	80	130	+100-140	95	0.324	15.66
9	90	155	+100-140	95	0.648	97.06
10	50	130	-140 +200	95	0.254	0.559

En la figura 3.19 se muestra la gráfica de extracción de cobre en el tiempo para las 10 pruebas realizadas. Como se puede observar la temperatura es una variable que afecta significativamente la extracción de cobre; su variación permite clasificar las pruebas en 3 grupos. Grupo 1 (100 °C): Pruebas 3, 5 y 7; Grupo 2 (90 °C): Pruebas 2, 4 y 9; y Grupo 3 (≤ 80 °C): Pruebas 1, 6, 8 y 10.

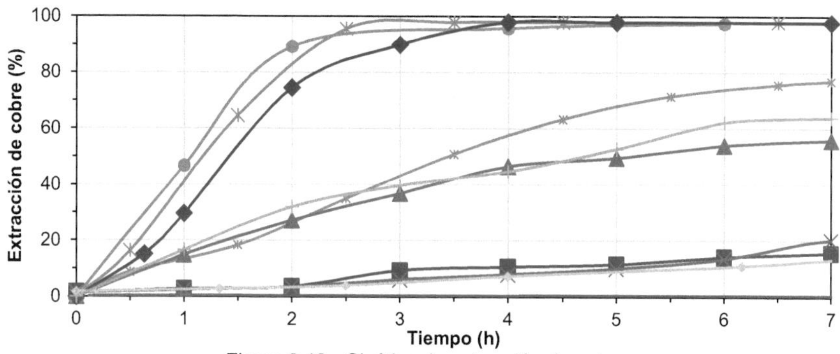

Figura 3.19.- Cinética de extracción de cobre.

En la tabla 3.12 se muestra la composición química y distribución elemental en el residuo y solución, obtenido de la prueba *5*. Los resultados se calcularon con base en el balance de materia del análisis químico de entrada y de salida.

Tabla 3.12.- Análisis químico y balance de materia de la etapa de lixiviación de concentrado de calcopirita de la prueba *5*.

Resultados Prueba 5			
Elemento	**Solución** (g/L)	**Residuo** (%)	**Distribución en solución** (%)
Au	0.000	3.36	0.0
Ag	0.003	1067	6.14
Cu	22.83	1.12	97.99
As	0.80	0.081	95.9
Pb	0.055	13.24	1.0
Fe	27.26	3.65	94.69
Fe^{2+}	3.89	-	100
Zn	5.96	0.254	98.24
S°	0.0	56.24	0.0
H_2SO_4	45.45	-	100

En la tabla 3.13 se muestra la reconstrucción mineralógica del residuo obtenido en la prueba *5*, por difracción de rayos X (ver ANEXO D) y el análisis químico. En la figura 3.20 se muestra las imágenes del residuo y la solución obtenida de la etapa de lixiviación.

Tabla 3.13.- Caracterización del residuo de lixiviación por difracción de rayos X y análisis químico.

Compuestos		Porcentaje en peso (%)
Azufre elemental	S_8	62.7
Anglesita	$PbSO_4$	17.8
Pirita	FeS_2	5.72
Calcopirita	$CuFeS_2$	3.23
Yeso	$CaSO_4$	3.29
Cuarzo	SiO_2	5.58

Figura 3.20. Imágenes de la solución y el residuo final de la etapa de lixiviación de la prueba *5*.

Con el fin de realizar una caracterización completa del residuo, se han realizado estudios de microanálisis puntual y de distribución elemental por MEB-EDS. En la figura 3.21 se muestran los compuestos presentes en el residuo final y su distribución elemental.

La reacción de lixiviación se lleva a cabo mediante el modelo de núcleo decreciente con formación de capa de productos sólidos; en la imagen anterior se observa la formación de azufre elemental alrededor de un núcleo sin reaccionar de calcopirita.

Cabe señalar que el residuo está compuesto en su mayoría por azufre elemental; sin embargo y al contrario de lo que se ha reportado en la literatura, esta capa formada en la superficie de la calcopirita no pasiva la reacción debido a su permeabilidad.

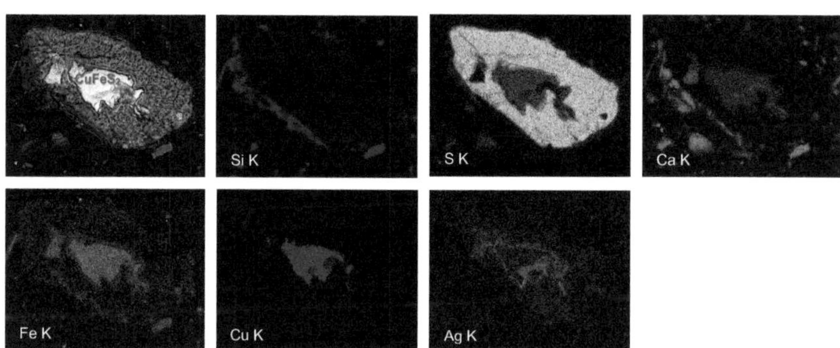

Figura 3.21.- Estudio por MEB-EDS en el residuo final de la etapa de lixiviación.

El efecto del tamaño de partícula en la extracción de cobre, es insignificante. No obstante y como era de esperarse, la disminución del tamaño de partícula ha sido considerable, desde 100% +74 µm se redujo a 90% -16.92 µm, en la prueba *5*. En la figura 3.22 se muestra la distribución del tamaño de partícula del residuo de la etapa de lixiviación.

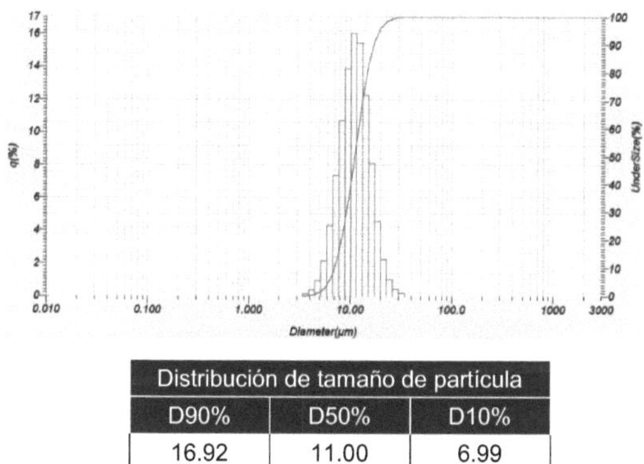

Distribución de tamaño de partícula		
D90%	D50%	D10%
16.92	11.00	6.99

Figura 3.22.- Distribución del tamaño de partícula del residuo de lixiviación de la prueba *5*.

En la figura 3.23 se muestra la gráfica de la concentración de cobre y ácido sulfúrico con respecto al tiempo de la prueba *3,* con el concentrado de calcopirita.

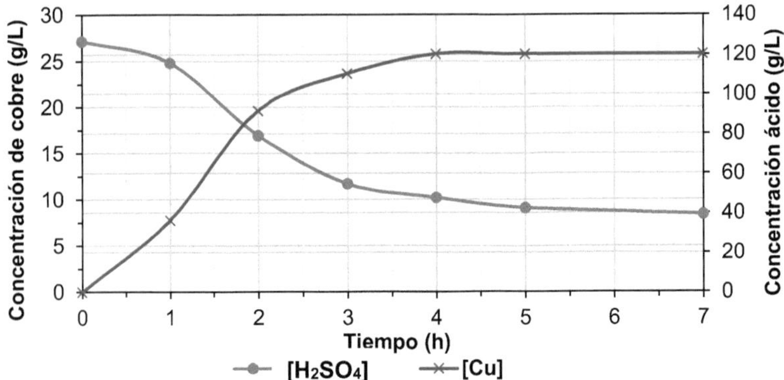

Figura 3.23.- Concentración de cobre y consumo de ácido sulfúrico de la prueba *3* de lixiviación de concentrado de calcopirita.

Como se mencionó con anterioridad la concentración de ácido sulfúrico inicial, debe de calcularse con respecto a la composición mineralógica del concentrado de cobre y la acidez final que permita mantener tanto al cobre como al hierro en solución.

Una adecuada concentración de la acidez en el sistema, muestra un efecto favorable en la composición del residuo final (sin jarosita), que a su vez evita problemas en la recuperación de oro, plata y plomo. En la ecuación 3.5 se muestra la relación para determinar el consumo de ácido sulfúrico real con respecto al estequiométrico en la lixiviación de concentrados de calcopirita de Velardeña.

$$1.25 = \frac{g\ \text{ácido consumidos Reales}}{g\ \text{ácido estequiométrico} + (\text{Conc. ácido final} * \text{volumen final})} \quad (3.5)$$

Por otra parte, debido al alto contenido de hierro en la solución de salida (aprox. 27 g/L), es necesario integrar al proceso una etapa de purificación de hierro mediante una neutralización, con el fin de precipitarlo y obtener una solución de sulfato de cobre.

Así, la concentración de ácido sulfúrico debe de mantenerse lo más baja posible con el fin de disminuir la cantidad de agente neutralizante en la etapa de purificación de hierro.

3.3.1.1. Cinética de Lixiviación

Con el fin de establecer la cinética de lixiviación de cobre de concentrados de calcopirita en el reactor SGL de 30 L, se determinó la velocidad de reacción, constante de velocidad aparente, energía de activación, orden de reacción y etapa controlante.

La ecuación de velocidad de reacción de lixiviación está dada por la ecuación 3.6.

$$v_{CuExt} = \frac{1}{V_{sln}}\frac{d[Cu]}{dt} = k_{ex}[Cu]^n \qquad (3.6)$$

Donde v es la velocidad de reacción, V_{sln} es el volumen de la solución, $[Cu]$ es la concentración de cobre en la solución, k_{ex} es la constante de velocidad aparente y n es el orden de reacción.

La cinética de lixiviación de cobre de concentrado de calcopirita, de la prueba *5* presentada en la gráfica 3.19, está definida por la ecuación sigmoidea 3.7, calculada con el programa SigmaPlot 12.0.

$$\%\,\mathrm{ExtCu} = 1.546 + \frac{96.33}{\left[1+e^{-\left(\frac{t-3.137}{0.277}\right)}\right]^{0.439}} \qquad (3.7)$$

De los resultados de la caracterización del residuo de lixiviación, se puede observar la manera físico-química en que se lixivia la calcopirita. El modelo cinético de núcleo decreciente con formación de capa de productos sólidos es el que más se ajusta; sin embargo, la formación de la capa de azufre elemental en la superficie de la calcopirita sin reaccionar, no interfiere en la transporte de materia.

Con el fin de dilucidar si la etapa controlante de la lixiviación de cobre del concentrado de calcopirita es la reacción química o la transferencia de masa, se evaluaron los siguientes modelos cinéticos. Donde X es la fracción reaccionada cobre y t el tiempo:

- Etapa controlante transferencia de masa en la capa de productos sólidos:

$$1-\left[\frac{2}{3}X\right]-(1-X)^{2/3}=k_{ex}t \tag{3.8}$$

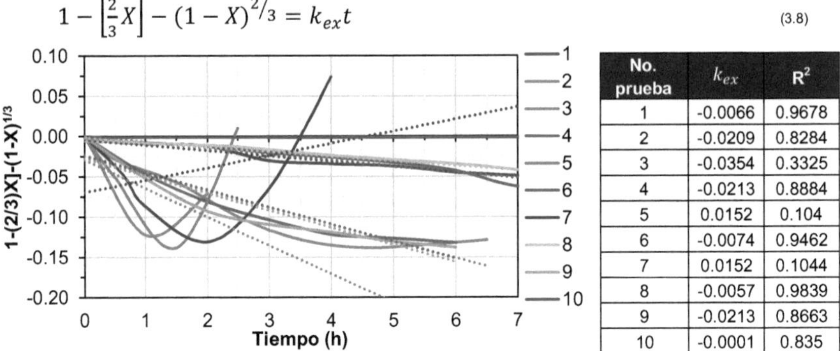

No. prueba	k_{ex}	R^2
1	-0.0066	0.9678
2	-0.0209	0.8284
3	-0.0354	0.3325
4	-0.0213	0.8884
5	0.0152	0.104
6	-0.0074	0.9462
7	0.0152	0.1044
8	-0.0057	0.9839
9	-0.0213	0.8663
10	-0.0001	0.835

Figura 3.24.- Resultados de la evaluación del modelo cinético para una etapa controlante de transporte de materia en la capa de productos sólidos.

- Etapa controlante transferencia de masa en la interfase:

$$1-\left[\frac{2}{3}X\right]-(1-X)^{1/3}=k_{ex}t \tag{3.9}$$

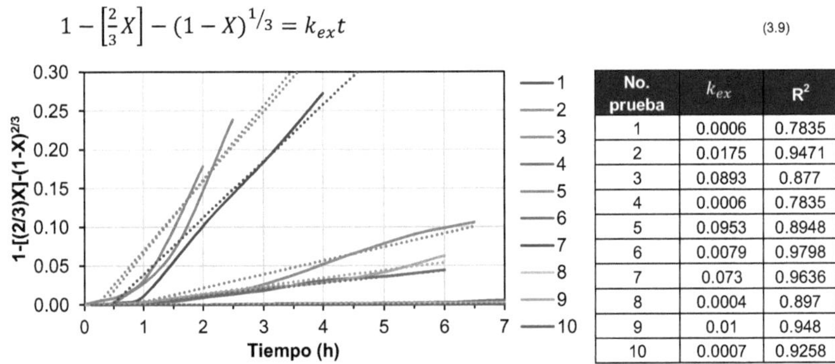

No. prueba	k_{ex}	R^2
1	0.0006	0.7835
2	0.0175	0.9471
3	0.0893	0.877
4	0.0006	0.7835
5	0.0953	0.8948
6	0.0079	0.9798
7	0.073	0.9636
8	0.0004	0.897
9	0.01	0.948
10	0.0007	0.9258

Figura 3.25.- Resultados de la evaluación del modelo cinético para una etapa controlante de transporte de materia en la interfase.

- Etapa controlante reacción química:

$$1-(1-X)^{1/3}=k_{ex}t \tag{3.10}$$

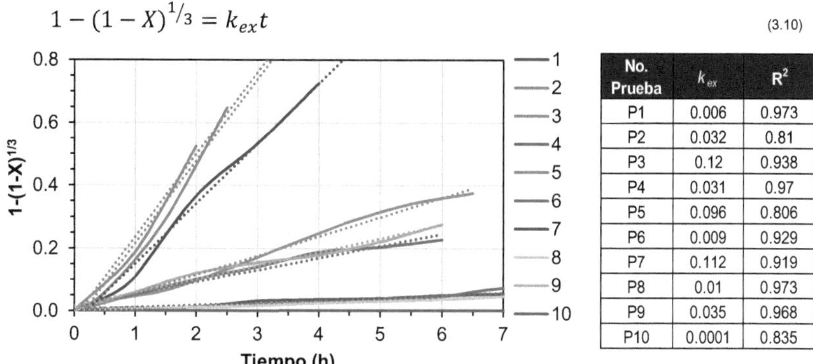

No. Prueba	k_{ex}	R^2
P1	0.006	0.973
P2	0.032	0.81
P3	0.12	0.938
P4	0.031	0.97
P5	0.096	0.806
P6	0.009	0.929
P7	0.112	0.919
P8	0.01	0.973
P9	0.035	0.968
P10	0.0001	0.835

Figura 3.26.- Resultados de la evaluación del modelo cinético para una etapa controlante de reacción química.

- Determinar etapa controlante por modelo estocástico:

$$(1-X)^{2/3}-1=k_{ex}t \tag{3.11}$$

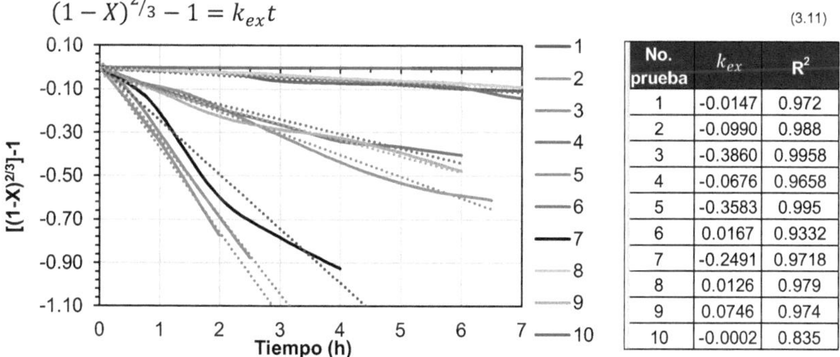

No. prueba	k_{ex}	R^2
1	-0.0147	0.972
2	-0.0990	0.988
3	-0.3860	0.9958
4	-0.0676	0.9658
5	-0.3583	0.995
6	0.0167	0.9332
7	-0.2491	0.9718
8	0.0126	0.979
9	0.0746	0.974
10	-0.0002	0.835

Figura 3.27.- Resultados de la evaluación del modelo cinético estocástico.

El modelo cinético estocástico es el que mejor se ajusta como etapa controlante del proceso de lixiviación de cobre del concentrado de calcopirita (ecuación 3.11), esto debido a que al graficar el lado izquierdo de la ecuación con respecto al tiempo, el resultado es una línea recta. En la figura 3.27 se muestran las constantes de velocidad aparente de cada una de las pruebas.

Se puede determinar que existe una tendencia directamente proporcional entre la temperatura y la constante de velocidad aparente. Sin embargo, cuanto mayor es la temperatura, menor es el ajuste mostrado por la regresión lineal, por lo que se puede asumir que al final de la reacción, el transporte de materia se vuelve importante.

Por otra parte, las condiciones de los procesos que se han probado en éste proyecto, son reales, enfocadas a obtener casos de negocios que sean rentables y escalables, las ecuaciones cinética aplicadas a ésta etapa son modelos teóricos con sistemas controlados, de baja concentración de iones (transferencia de masa controlada), baja concentración de sólidos y temperaturas con poca variación por los sistemas de poco volumen. Por lo tanto, los resultados de ésta pueden no ajustarse exactamente a un modelo definido.

Una vez establecido lo anterior, con el fin de obtener la energía de activación para la descomposición de la calcopirita en el concentrado de cobre, se aplicó logaritmos a la ecuación de Arrhenius, como se muestra a continuación:

$$k_{ex} = A^{-\frac{E_A}{RT}} \tag{3.12}$$

Aplicando logaritmos a la ecuación 3.12.

$$Logk_{ex} = LogA - \frac{E_A}{R}\frac{1}{T} \tag{3.13}$$

Donde A es un factor exponencial, R es la constante de los gases con valor de 8.314$\frac{J}{mol\,K}$ y T es la temperatura absoluta. Como se puede observar, la ecuación 3.13 es la ecuación de una recta, que al graficar $Logk_{ex}$ contra $\frac{1}{T}$, se obtiene una línea recta con pendiente $-\frac{E_A}{R}$, que al multiplicar por la constante de los gases se obtiene la energía de activación.

En la figura 3.28 se muestra la gráfica de las pruebas 3, 8, 9 y 10; con el $Logk_{ex}$ con respecto al inverso de las temperaturas absolutas. La energía de activación calculada es de 61.93 $\frac{kJ}{mol}$.

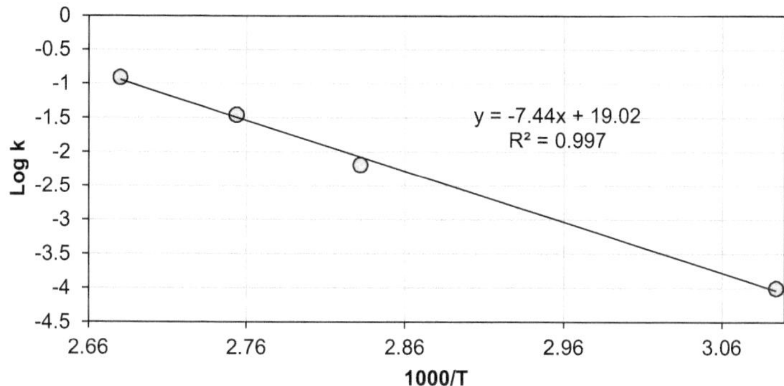

Figura 3.28.- Gráfica de Log k_{ex} con respecto al inverso de la temperatura absoluta.

Algunos autores reportan (1), que una energía de activación mayor a 40 $\frac{kJ}{mol}$, sugieren un control por reacción química, esto coincide con los resultados obtenidos.

El orden de reacción calculado para la extracción de cobre en el tiempo se realizó mediante el método diferencial de Van't Hoff, el cual se puede aplicar a las leyes de velocidad de reacción de la ecuación 3.6.

El método sugiere que al graficar la concentración de cobre contra el tiempo de lixiviación, se pueden incluir líneas tangentes a la curva cinética, con la velocidad de reacción como pendiente de las mismas. En la figura 3.29 se muestra ésta gráfica.

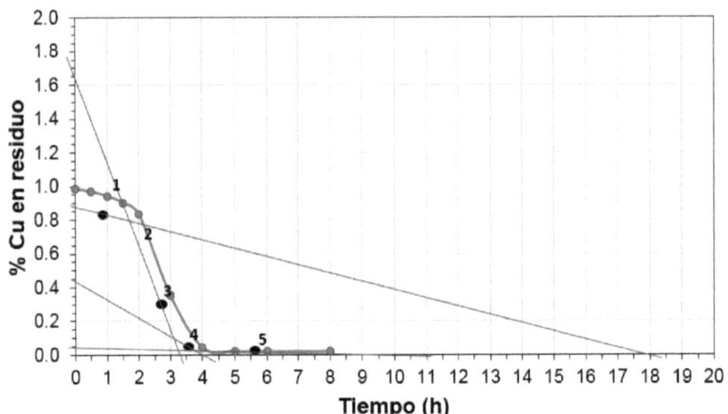

Figura 3.29.- Gráfica de concentración de cobre en el residuo contra el tiempo y las líneas tangentes.

De lo anterior, en la tabla 3.14 se muestra la velocidad de reacción en cada punto de contacto entre la línea tangente y la curva cinética, determinada por su pendiente.

Tabla 3.14.- Tabla de valores para determinar orden de reacción por el método de Van't Hoff.

No. Tangente	$[Cu]$	t	Pendiente	v	$Log\,[Cu]$	$log\,v$
1	1	20	-0.05	0.05	0.00	-1.30
2	1.87	3.7	-0.51	0.51	0.27	-0.296
3	1.87	3.7	-0.51	0.51	0.27	-0.296
4	0.49	4.4	-0.11	0.11	-0.31	-0.953
5	0.04	10	0.00	0.00	-1.40	-2.39

Así, si se aplica logaritmos a la ecuación 3.6, se obtiene la ecuación de una recta en donde:

$$\ln v_{CuExt} = \ln k_{ex} + n \ln[\,Cu] \qquad (3.14)$$

La gráfica de la ecuación 3.14 es una línea recta con pendiente n. En la figura 3.30 se muestra ésta gráfica. De aquí se puede determinar que el orden de reacción es la pendiente de la línea recta con un valor de 1.2.

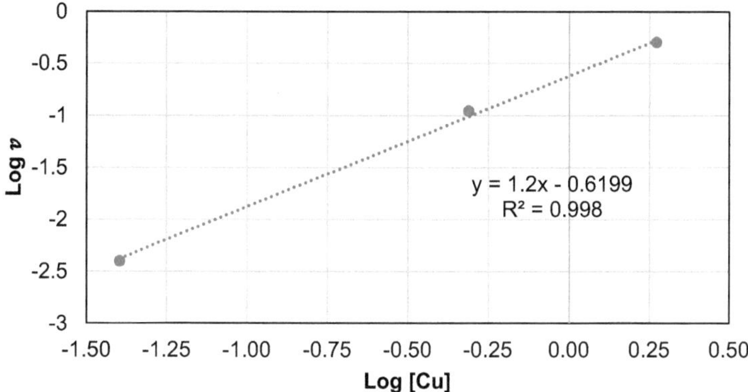

Figura 3.30.- Gráfica de $Log\ v$ contra $Log\ [Cu]$ en el residuo para el cálculo del orden de reacción.

Así, con los datos del orden de reacción, constante de velocidad aparente y la concentración de cobre en solución final se puede calcular la velocidad de reacción con la ecuación 3.6:

$$v_{CuExt} = \left(0.096 \frac{L}{min}\right)\left(22.8 \frac{g}{L}\right)^{1.2} = 4.09 \frac{g}{min}$$

Lo anterior se traduce en que para la etapa de lixiviación, la velocidad de reacción se encuentra dada por una disolución de 4.09 g de cobre por minuto de reacción para una prueba de 27 L de volumen total (Prueba 5).

3.3.1.2. Análisis de varianza

Con el fin de determinar la influencia de las variables analizadas en el proceso de lixiviación, se ha realizado un análisis de varianza con el programa Minitab 17 con la extracción de cobre y el consumo de oxígeno como variables de respuesta. El análisis se enfoca a la prueba de estadísticos F, los resultados se muestran en la tabla 3.15 y 3.16, respectivamente.

Tabla 3.15.- Resultados del análisis de varianza en la etapa de lixiviación con la extracción de cobre como variable de respuesta.

Análisis de varianza para extracción de cobre (α =0.05)				
Variable	Grados de libertad	Suma de cuadrados	Medios cuadrados	F
Temperatura	2	10,811.45	5,405.73	0.417988
Tipo de concentrado	2	3.50	1.75	0.000135
Acidez	2	1.90	0.95	0.000073
Tamaño de partícula	2	2.68	1.34	0.000104
Total ajustado	**8**	**12,933.7**		

Tabla 3.16.- Resultados del análisis de varianza en la etapa de lixiviación con la extracción de cobre como variable de respuesta.

Análisis de varianza para consumo de oxígeno (α =0.05)				
Variable	Grados de libertad	Suma de cuadrados	Cuadrados medios	F
Temperatura	2	0.23760	0.11880	0.426155
Tipo de concentrado	2	0.00066	0.00033	0.001186
Acidez	2	0.00022	0.00011	0.000400
Tamaño de partícula	2	0.00223	0.00111	0.003999
Total ajustado	**8**	**0.2788**		

El factor F se obtuvo a partir de la división de la suma de cuadrados de las variables, entre los grados de libertad, divido a su vez entre el factor ajustado de la suma de cuadrados. Lo que resulta en un factor comparable entre variables que permiten conocer el impacto que tendrá en la resultante. Entre más grande sea ésta significa que tendrá una mayor influencia.

Así, la temperatura se muestra como la variable de mayor impacto en la extracción de cobre y el consumo de oxígeno con 0.41 y 0.42, respectivamente. En la figura 3.31 y 3.32 se muestran las gráficas de interacción del análisis de varianza.

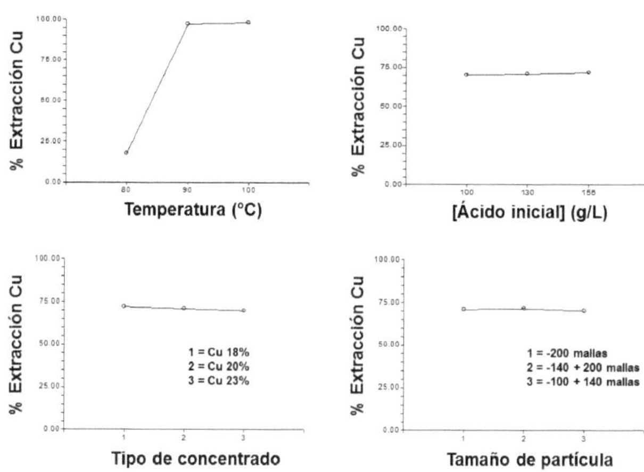

Figura 3.31.- Graficas de interacción entre los factores y la extracción de cobre.

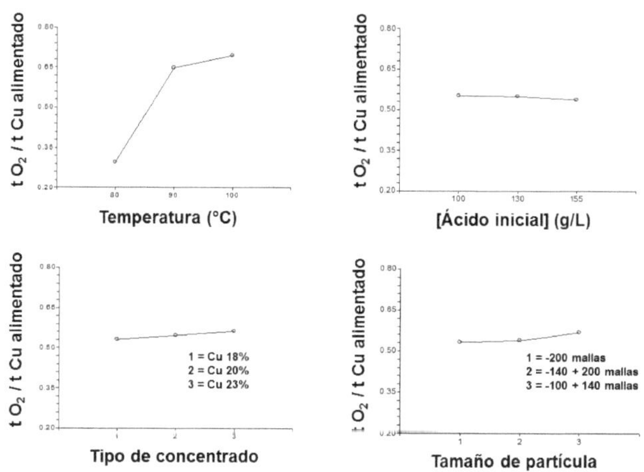

Figura 3.32.- Graficas de interacción para el consumo de oxígeno.

3.2.2. Etapa de Enfriamiento

La solución de la etapa de lixiviación contiene en promedio el 6% de la plata inicial. Ésta solubilidad parcial se debe principalmente al potencial de oxidación alcanzado (≈0.73 V ENH), su temperatura (100 °C) y la solubilidad natural de la plata en medios ácidos-sulfato.

La solubilidad del sulfato de plata en agua es de 0.03 M en un rango de 0 a 240 °C, al adicionar ácido sulfúrico (0 – 1.0 M) y iones férricos (0 - 0.3 M) se incrementa su solubilidad. Encontrando que la concentración de ácido sulfúrico en solución muestra un mayor impacto en la solubilidad del sulfato de plata [90].

Durante las pruebas de la etapa de lixiviación se observó que al incrementar la temperatura y el potencial óxido-reducción en el medio ácido-sulfato, la solubilidad de la plata se incrementa. En la figura 3.33 y 3.34 se muestran las gráficas.

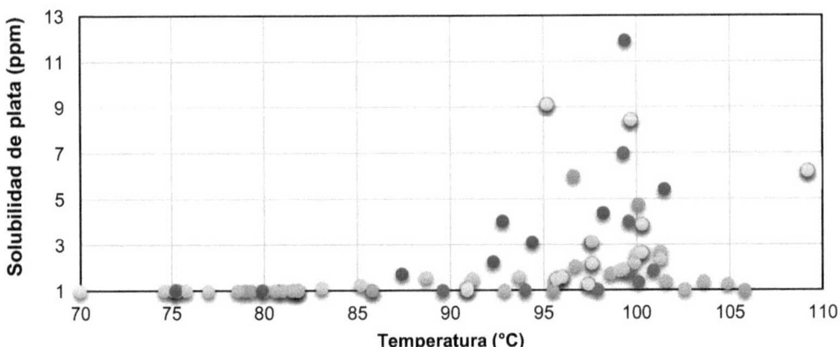

Figura 3.33.- Efecto de la temperatura sobre la solubilidad de plata en la etapa de lixiviación.

Se puede observar la temperatura y el potencial para mantener la plata en el fase sólida debe ser menor 90 °C y 0.65 V ENH, respectivamente. Cabe señalar que la concentración de ácido sulfúrico no se relacionó con la plata en solución debido a que el primero consume durante la reacción de lixiviación.

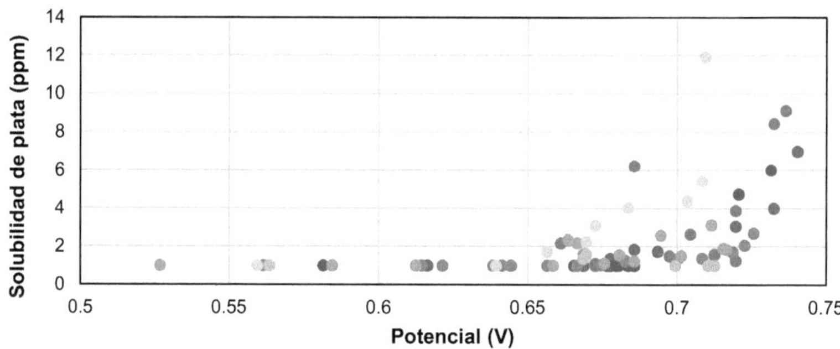

Figura 3.34.- Efecto del potencial de oxidación-reducción sobre la solubilidad de plata en la etapa de lixiviación.

En la tabla 3.17 se muestran los resultados de las pruebas de la etapa de enfriamiento. Se puede observar que después de 12 h de enfriamiento con agitación constante, la solución disminuye por debajo de 1 ppm su concentración en plata, correspondiente al 99 % de recuperación.

Las principales reacciones de oxidación del sulfuro la plata y plata metálica son:

$$Ag_2SO_4 + 2FeSO_4 + S^\circ = Ag_2S + Fe_2(SO_4)_3 \qquad \Delta G_{100^\circ C} = -34.83\ kJ \qquad (3.15)$$

$$2Ag_2S + O_2 + 2H_2SO_4 = 2Ag_2SO_4 + 2H_2O + 2S^\circ \qquad \Delta G_{100^\circ C} = -234\ kJ \qquad (3.16)$$

$$4Ag^\circ + O_2 + 2H_2SO_4 = 2Ag_2SO_4 + 2H_2O \qquad \Delta G_{100^\circ C} = -319.1\ kJ \qquad (3.17)$$

$$2Ag^\circ + Fe_2(SO_4)_3 = Ag_2SO_4 + 2FeSO_4 \qquad \Delta G_{100^\circ C} = -7.46\ kJ \qquad (3.18)$$

Tabla 3.17.- Pruebas realizadas en la etapa de enfriamiento y resultados obtenidos después de 12 h.

Pruebas	Solución filtrada y analizada en caliente				Solución filtrada y analizada en frio			
	T °C	ORP ENH	$[Fe^{2+}]$ g/L	[Ag] ppm	T °C	ORP ENH	$[Fe^{2+}]$ g/L	[Ag] ppm
1	101.3	0.726	7.77	2.70	22.0	0.654	9.43	< 0.001
2	101.3	0.726	10.51	2.70	20.0	0.674	13.16	< 0.001
3	97.6	0.712	5.08	3.12	20.0	0.690	11.34	< 0.001
4	92.6	0.702	8.28	1.66	20.0	0.691	9.73	< 0.001
5	99.7	0.756	6.14	3.60	20.0	0.692	-	< 0.001
6	98.0	0.762	5.33	7.00	20.0	0.717	5.41	1.98
7	96.6	0.732	5.22	6.00	20.0	0.716	6.07	3.82
8	101.3	0.726	4.11	2.70	20.0	0.612	6.79	< 0.001
9	95.5	0.742	6.44	9.12	20.0	0.678	9.13	< 0.001
10	99.0	0.732	6.64	11.92	20.0	0.693	7.18	< 0.001
11	98.8	0.739	9.54	8.32	13.4	0.692	11.12	< 0.001
12	101.6	0.743	5.64	5.88	22.0	0.599	7.25	< 0.001
13	95.8	0.727	6.16	4.68	20.0	0.647	7.07	< 0.001

En la tabla 3.18 se muestran las especies de plata en el sólido precipitado después del enfriamiento a partir de una solución filtrada en caliente. El análisis se realizó por MEB- MLA por XBSE. Además cabe señalar que el 97% en peso del precipitado es sulfato de calcio.

Tabla 3.18.- Distribución de plata en las especies detectadas en el precipitado después del enfriamiento.

Precipitado	Distribución Ag (%)
Argentita	86.2
Plata metálica	13.1
Freibergita	0.7

Se puede observar que la especie de plata en el concentrado de cobre inicial (tabla 3.4) es plata nativa, mientras que en la encontrada en la fase final de la etapa de lixiviación es principalmente sulfuro de plata.

Con el fin de dilucidar un mecanismo de reacción y proponer una hipótesis, se ha realizado una revisión bibliográfica de las reacciones químicas de la plata en la lixiviación de calcopirita en medios ácidos-sulfatos.

Principalmente el estudio se ha enfocado a que el sulfato de plata actúa como un catalizador en la lixiviación de calcopirita mediante la reacción 3.19. Con la que actualmente se ha desarrollado el proceso SICAL (Silver Catalyzed Atmosferic Leaching) en Las Cruces, España [28].

$CuFeS_2 + 2Ag_2SO_4 = CuSO_4 + FeSO_4 + 2Ag_2S$ $\Delta G_{100°C} = -135.9\ kJ$ (3.19)

El proceso propone la regeneración del sulfato de plata mediante la oxidación con sulfato férrico, sin embargo ésta reacción presenta una energía libre de Gibbs positiva y en lugar de ésta se ha considerado al ácido sulfúrico y al oxígeno como los principales agentes oxidantes del sulfuro de plata con las reacciones 3.15 a la 3.18, mostradas anteriormente.

Adicionalmente, el sulfato de plata actua como agente oxidante de galena y esfalerita con la reacción 3.20 y 3.21.

$2PbS + 2Ag_2SO_4 = 2PbSO_4 + 2Ag_2S$ $\Delta G_{100°C} = -273.14\ kJ$ (3.20)

$2ZnS + 2Ag_2SO_4 = 2ZnSO_4 + 2Ag_2S$ $\Delta G_{100°C} = -260.32\ kJ$ (3.21)

Así, el sulfato de plata, reacciona lixiviando la calcopirita, esfalerita y galena; precipitando el metal noble como sulfuro. En la figura 3.35 se muestran evidencias de partículas de calcopirita y galena sin reaccionar con plata precipitada alrededor de la misma, respectivamente.

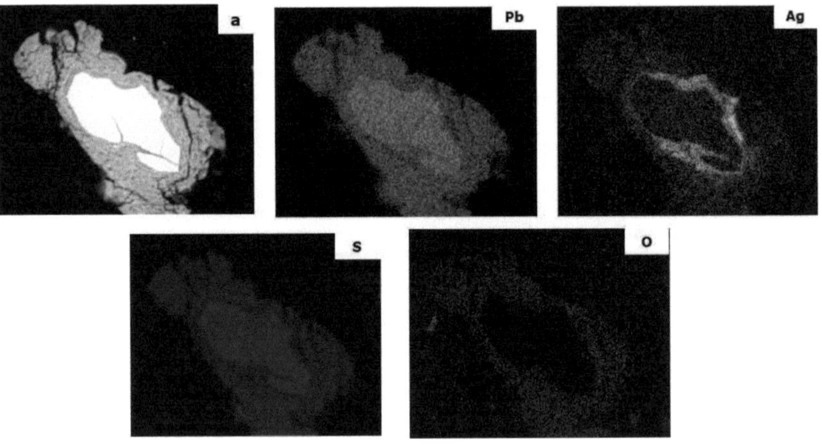

Figura 3.35.- Partícula de galena sin reaccionar con plata precipitada y anglesita alrededor.

Por otra parte se han detectado por microscopía electrónica de barrido partículas de azufre asociado a plata. En la figura 3.36 se muestran las imágenes de electrones con las principales especies determinadas por el resultado del microanálisis puntual.

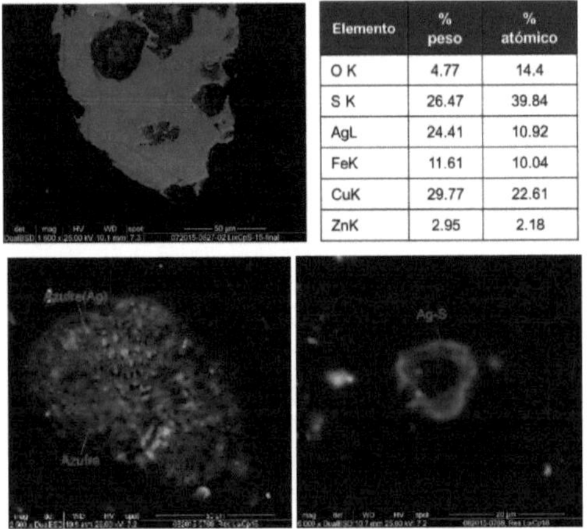

Elemento	% peso	% atómico
O K	4.77	14.4
S K	26.47	39.84
AgL	24.41	10.92
FeK	11.61	10.04
CuK	29.77	22.61
ZnK	2.95	2.18

Figura 3.36.- Partículas de plata y azufre elemental detectadas en el residuo de lixiviación por microanálisis puntual.

En la figura 3.37 se muestran microanálisis de distribución elemental por MEB de las partículas de azufre elemental y plata en el residuo.

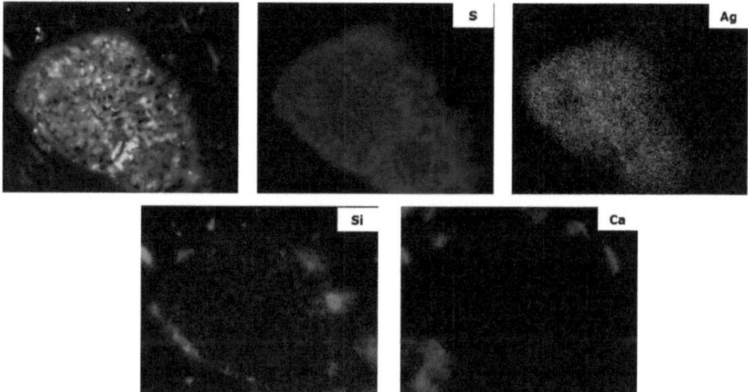

Figura 3.37.- Partículas de plata y azufre elemental detectadas en el residuo de lixiviación por microanálisis de distribución elemental.

Por electroquímica se sabe que el potencial de equilibrio para la reacción del par férrico-ferroso a 25 °C es 0.64 V y a 100 °C es de 0.70 V (reacción 3.22).

$Fe^{2+} = Fe^{3+} + e^-$ $\quad \Delta G_{100°C}= 67.52\ kJ,\ \Delta G_{25°C}= 61.7\ kJ$ (3.22)

Por otra parte la reacción de reducción de la plata iónica a plata elemental puede darse potencial menor de 0.8 V a 25 °C y 0.72 V a 100 °C (Reacción 3.23).

$Ag^+ + e^- = Ag°$ $\quad \Delta G_{100°C}= -69.68\ kJ,\ \Delta G_{25°C}= -77.0\ kJ$ (3.23)

En el diagrama de pourbaix de la figura 3.38 se muestra un flecha con el cambio en el equilibrio de reacción según la temperatura empleada. Al disminuir la temperatura, reducimos el área de predominancia de la plata ionica.

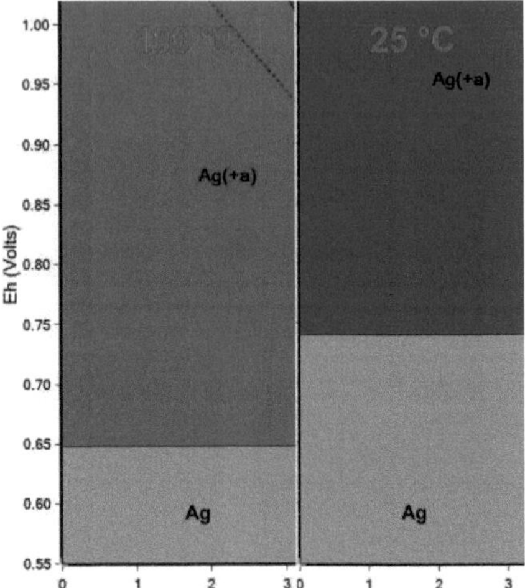

Figura 3.38.- Diagrma de Pourbaix para el sistema Ag-Fe-S con [Ag] = 0.1 M, [Fe]=1M, [S]=1 M; a 100 y 25 °C.

De lo anterior, se puede observar que al disminuir la temperatura, es posible la oxidación de ion ferroso por la plata ionica. Cabe señalar que con la disminución de la temperatura, se incrementa la diferencia de potencial que existe entre las reacciones y por lo tanto tienden al equilibrio mediante la reacción 3.24.

$$Ag^{+} + Fe^{2+} = Ag^{\circ} + Fe^{3+} \quad \Delta G_{100°C}= -2.16\ kJ,\ \Delta G_{25°C}= -15.3\ kJ \qquad (3.24)$$

3.2.3. Etapa de Remoción de Azufre Elemental

Como se muestra en la tabla 3.12 el residuo obtenido de la etapa de separación sólido-líquido de la lixiviación, contiene por encima del 50 % en peso de azufre elemental. Por lo que es necesario desarrollar ésta etapa.

Las principales variables que se identificaron en la revisión bibliográfica son: solubilidad de azufre elemental en el solvente, temperatura y tiempo de operación. En la tabla 3.19 se muestran los resultados de las pruebas realizadas para para la remoción de azufre.

Tabla 3.19.- Condiciones y resultados de las pruebas de remoción de azufre elemental con solventes orgánicos.

No. Prueba	Solvente Orgánico	INICIAL			FINAL			
		S° (g)	Temperatura de extracción (°C)	Relación S°/L Solvente	Distribución de azufre (% peso)			Extracción de S° (% peso)
					Concentrado de plomo	Solvente reciclado	S°	
1			50	20	0.6	87.5	11.9	99.4
2	Tetracloroetileno		60	30	0.7	57.3	42	99.3
3			70	30	0.5	60.7	38.8	99.5
4			50	20	22.4	22	55.6	77.6
5	Queroseno	61.37	60	30	33.7	11.7	54.6	66.3
6			70	30	23.8	12.7	63.5	76.2
7			50	20	46.8	16.5	36.7	53.2
8	Petróleo Diáfano		60	30	52.3	8.6	39.1	47.7
9			70	30	39.5	10.5	50	60.5

Los resultados muestran que es posible remover por encima del 99 % de azufre elemental del residuo de lixiviación, al emplear tetracloroetileno como solvente extractante. En la tabla 3.20 se muestra el análisis químico de la prueba 2.

Tabla 3.20.- Análisis químico de los productos de la etapa de remoción de azufre elemental de la prueba 2.

Elemento	Concentrado de plomo (% peso)		Azufre elemental (% peso)	Tetracloroetileno (g/L)
	Entrada	Salida		
Au g/T	3.36	8.31	< 0.001	< 0.001
Ag g/T	1,067	2,798.5	< 0.001	< 0.001
Cu	1.1	4.3	< 0.001	< 0.001
Pb	13.2	38.3	< 0.001	< 0.001
Fe_{tot}	3.65	10.5	< 0.001	< 0.001
S°	61.4	< 0.01	98.23	11.68
Se	0.12	0.04	0.069	0.011
To	< 0.001	< 0.001	< 0.001	< 0.001

En figura 3.39 se muestra una imagen del azufre elemental y concentrado de plomo-valores obtenido de esta etapa.

Figura 3.39.- (a) Imagen de azufre elemental y (b) concentrado de plomo-valores.

Cabe señalar que el encoje de la etapa de remoción de azufre elemental es de 62.5% en peso. Las densidad real del concentrado de plomo-valores y el azufre elemental son 4.28 y 1.89 g/mL, respectivamente.

El concentrado de plomo-valores es un producto comercial del proceso de lixiviación directa de concentrados de cobre, el cual puede tratarse mediante cianuración o fusión, para la recuperación de valores.

Además, el concentrado de plomo sintético puede procesarse en la planta de fundición de plomo ya que cuenta con la composición química similar al de los concentrados de plomo que se reciben [(92), (93), (94)].

El azufre elemental producido puede alimentarse el proceso de decobrizado después del horno de reverbero con el fin de remover el cobre del bullion. El azufre elemental se añade para formar un sulfuro de cobre que se separa del bullion en un dross de alto punto de fusión que flota en la superficie de la paila [(95)].

En las tablas 3.21 y 3.22 se muestran las reconstrucciones mineralógicas del concentrado de plomo-valores y azufre elemental, respectivamente.

Tabla 3.21.- Reconstrucción mineralógica del concentrado de plomo-valores.

Especies identificadas DRX		Concentrado plomo-valores
		% peso
Anglesita	$PbSO_4$	56
Calcopirita	$CuFeS_2$	13
Pirita	FeS_2	14
Sílice	SiO_2	12
Yeso	$CaSO_4$	5

Tabla 3.22.- Reconstrucción mineralógica del residuo azufre elemental.

Especies identificadas DRX		Azufre elemental
		% peso
Azufre elemental	S_8	99

En el Anexo B, aparatado B.3 y B.4; del se muestra la hoja de prueba y resultados típicos de una prueba de remoción de azufre elemental.

Con el fin de realizar una comparativa entre los procesos existentes de remoción de azufre elemental con solventes orgánicos, se presenta la tabla 3.23.

Tabla 3.23. Comparativa en parámetros de operación en procesos de remoción de azufre elemental con solventes orgánicos.

Autores	Material	Solvente Orgánico	Temperatura (°C)	Tiempo de Residencia (min)	Extracción de S° (% peso)	Pureza del S° (% peso)
Cháidez, et al., 2018 *(Ésta tesis)*	Residuo de Lixiviación de Calcopirita	Tetracloroetileno	50	45	>99	>99
Wang et al., 2012 (96)	Residuo Lodoso	Tetracloroetileno	80	10	82	99.56
Jones, 2002 (97)	Residuo de lixiviación de Cu-Ni	Proceso de flotación seguido por Tetracloroetileno	90-100	-	94.1	"Azufre elemental puro"
Pia and Tuukka, 2016 (98)	Residuo de proceso Hidrometalúrgico	Di etilenglicol	105	60	99	99.8
Hasebe and Yu, 1991 (99)	Residuo de azufre acuoso	Tetracloroetileno	100	-	20.3	-
Didier, 1988 (100)	Residuo de lixiviación de pirita	Tolueno o Tetracloroetileno	105	60	"Completa disolución"	-
Tweeddale, 1944 (101)	Mineral sulfuroso	Queroseno	140	-	99	>99

Como se puede observar, el proceso que se propuesto en ésta tesis cuenta con una baja temperatura de operación en la etapa de extracción, con recuperaciones mayores al 99% de azufre elemental.

3.2.4. Precipitación de hierro

El contenido de hierro en la solución se encuentra alrededor de los 27 g/L del cual, el 85% se encuentra en como ion férrico (Fe^{3+}).

Las condiciones y resultados de las pruebas realizadas para el desarrollo de la etapa de precipitación de hierro se muestran en la tabla 3.24. Se varió la temperatura, agente neutralizante, y pH final de la suspensión con el fin de obtener la mejor precipitación de hierro minimizando las pérdidas de cobre en el residuo.

Tabla 3.24.- Pruebas y resultados de precipitación de hierro.

No. prueba	Temperatura (°C)	Reactivo	pH final	Extracción de hierro (%)	Extracción de cobre (%)
1	50	$Ca(OH)_2$	2.5	97.5	11.1
2	50	$Ca(OH)_2$	2.7	98.2	12.7
3	70	$Ca(OH)_2$	2.7	98.2	4.2
4	50	Na_2CO_3	2.7	96.8	9.1
5	50	Na_2CO_3	2.5	94.0	6.8
6	70	Na_2CO_3	2.5	96.2	2.8
7	70	$CaCO_3$	2.7	94.4	7.6
8	50	$CaCO_3$	2.5	99.2	0.5
9	50	$CaCO_3$	2.7	96.8	8.51

En la tabla 3.25 se muestra la distribución elemental en el residuo final, el análisis químico del residuo y la solución; de la prueba 8. En la tabla 3.26 se muestra la caracterización del residuo mediante fluorescencia-difracción de rayos X.

Tabla 3.25.- Análisis químico del residuo férrico de la prueba 8.

Elemento	Residuo (%)	Líquido (g/L)	Distribución sólido (%)
Ca	13.6	0.05	99.9
Cu	0.1	28.9	0.6
Fe	13.9	0.2	99.2
Zn	0.1	11.4	1.5

Tabla 3.26.- Fluorescencia-Difracción de rayos X del residuo férrico de la prueba 24.

Especies identificadas por FDRX		Residuo etapa de purificación
		% peso
Yeso	$CaSO_4(H_2O)_2$	74
Otros*		26

Se puede observar que el sulfato de calcio (yeso), es la especie mineralógica en mayor cantidad en el residuo, éste se forma por la reacción 2.53 de neutralización. Por otra parte, mediante ésta técnica no se ha identificado la especie en la que se encuentra el hierro. Esto se debe a que el compuesto formado se encuentra amorfo. En el ANEXO D, apartado D.1, se muestra el difractograma del residuo férrico donde se puede observar éste fenómeno, los conteos iniciales presentan un ruido característico de una muestra sin cristalinidad.

No obstante, por MEB-EDS se muestra evidencia de la precipitación de jarosita en el residuo en conjunto con el yeso (figura 3.40).

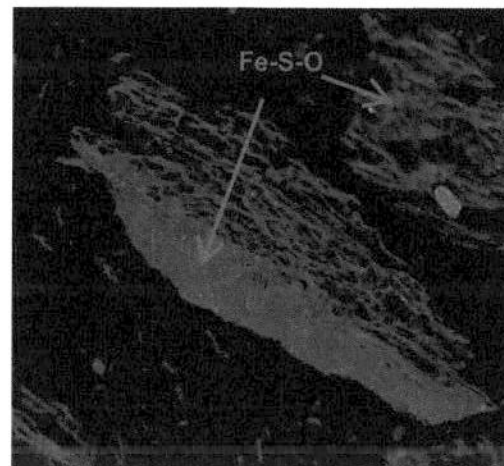

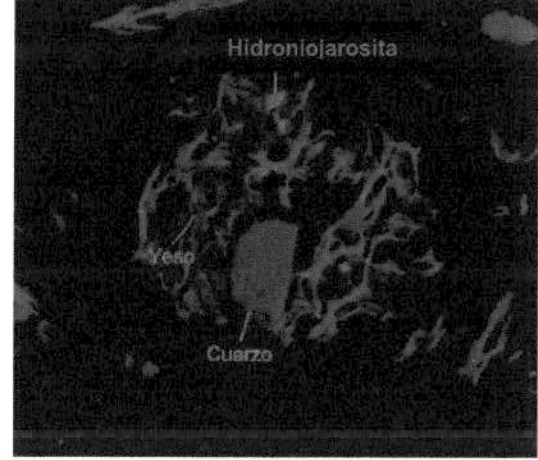

Figura 3.40. Microanálisis puntuales por EDS en MEB del residuo de la etapa de remoción de hierro.

Generalmente, al incrementar la precipitación de hierro, se incrementa la precipitación de cobre en el residuo. El pH es considerado la variable de control del proceso de precipitación de hierro. Sin embargo mediante el procedimiento descrito anteriormente, es posible precipitar el hierro casi en su totalidad disminuyendo las pérdidas de cobre por debajo del 0.5 %.

Lo anterior se logra aprovechando la baja solubilidad del ion férrico por debajo del pH 2.5. En la figura 3.41 se muestra la simulación termodinámica con el software medusa para la solubilidad de las especies de hierro. De ahí la importancia de asegurar que los iones de hierro se encuentren en su máximo estado de oxidación (Fe^{3+}).

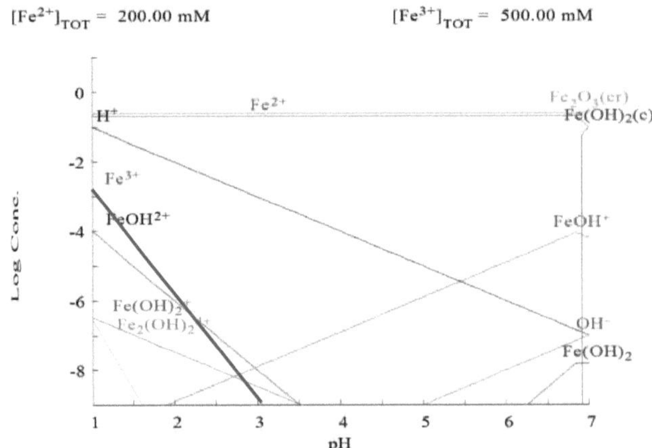

Figura 3.41. Simulación termodinámica de la solubilidad de los iones de hierro en un sistema a 25 °C con variación en el pH.

Por los diagramas de Pourbaix de hierro de la figura 2.6 se puede determinar que la precipitación de hierro se da cercano al pH 2.0 mediante la reacción de hidrólisis, para el caso específico de nuestra experimentación con la precipitación de jarosita, la reacción que se lleva a cabo es la 3.25 que genera acidez en el sistema.

$$3Fe_2(SO_4)_3 + 12H_2O \rightarrow Fe_6(OH)_{12}(SO_4)_4 + 6H_2SO_4 \qquad (3.25)$$

Aunque en el diagrama de Pourbaix de cobre de la figura 2.6 muestra que el pH requerido para precipitarlo debe ser mayor a 4.0, con base en el balance de materia de las pruebas, se ha detectado una precipitación de cobre entre el 10-15 %.

Se ha observado que con el uso del hidróxido de calcio, se incrementan las pérdidas de cobre. Como se sabe, ésta es una base fuerte que al ser añadida a la solución ácida, puede llegar a focalizar el pH, es decir, incrementarlo sin control en el punto de reacción alrededor de la partícula. En la figura 3.42 se muestra evidencia (Microanálisis de Distribución elemental por MEB) de una partícula con núcleo de hidróxido de calcio sin reaccionar, recubierta por yeso, seguido por sulfato de hierro y cobre.

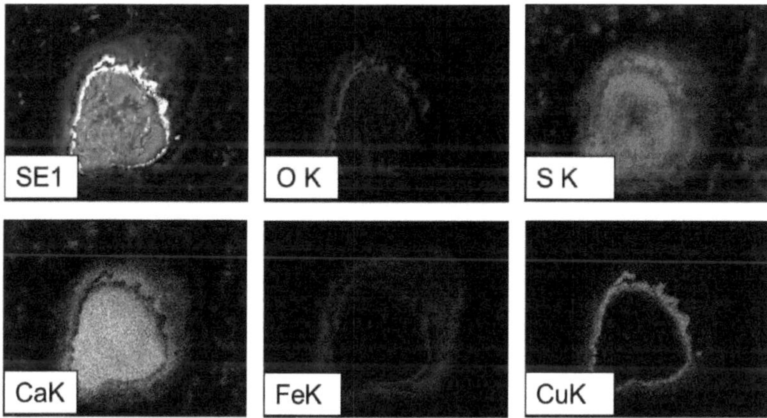

Figura 3.42.- Caracterización del residuo férrico (yeso-jarosita).

En la figura 3.43 se muestran las imágenes del residuo férrico obtenido de la etapa de precipitación de hierro.

El uso de un agente neutralizante que contenga como base calcio, formará en el residuo un sulfato de calcio, que permite una adecuada separación sólido-líquido ya que actúa como filtro ayuda. En cambio los compuestos como hidróxido, carbonato o sulfato de sodio, generan un residuo compuesto principalmente de natrojarosita, el cual presenta problemas de filtrabilidad.

Figura 3.43.- Imagen del residuo férrico (yeso-jarosita) obtenido de la precipitación de hierro con carbonato de calcio.

3.2.5. Recuperación de valores

La etapa de recuperación de valores ha sido probada por el método de cianuración a presión con oxígeno bajo el procedimiento previamente establecido. Las condiciones y resultados del balance de materia se muestran en la tabla 3.27.

Tabla 3.27.- Condiciones y resultados de las pruebas de recuperación de valores.

Condiciones de operación	Cianuración a presión	
	Prueba 1	Prueba 2
Temperatura	75 °C	75 °C
Presión	60 Psi	60 Psi
NaCN	10 g	15 g
pH final	10.2	10.8
[sólidos]	250 g/L	250 g/L
Volumen total	1L	1L
tiempo	1.5 h	1.5 h
Extracción Ag	86.10%	91.96%
Extracción Au	0%	24.44%

Como se puede observar, al incrementar la concentración de cianuro de sodio de 10 a 15 g, la extracción de plata y oro se incrementa de 86 a 91.9% y 0 a 24.4%, respectivamente.

En la tabla 3.28 se muestra la composición mineralógica del residuo de la etapa de cianuración.

Tabla 3.28.- Composición mineralógica del residuo de cianuración.

Especies identificadas		Prueba 1	Prueba 2
Yeso	$CaSO_4 \cdot 2H_2O$	45	45
Oxisulfato de plomo	$(PbO)_3PbSO_4H_2O$	26	25
Pirita	FeS_2	11	11
Calcopirita	$CuFeS_2$	7	7
Hidrocerusita	$Pb_3(CO_3)_2(OH)_2$	4	5
Arsenato de zinc	$Zn_3(AsO_4)_2$	1	1
Otros		6	6

Como se puede observar, parte del carbonado de calcio y sulfato de plomo, reaccionan para formar yeso ($CaSO_4$) y carbonato de plomo ($PbCO_3$). Debido al medio oxidante y presión del sistema, cierta cantidad del sulfato de plomo formará óxido de plomo (PbO) para formar oxisulfatos de plomo ($(PbO)_3PbSO_4H_2O$). A continuación se muestran las reacciones:

$$CaCO_3 + PbSO_4 = PbCO_3 + CaSO_4 \qquad \Delta G_{70°C} = -5.78\ kJ \qquad (3.25)$$

$$PbO + PbSO_4 = PbO*PbSO_4 \qquad \Delta G_{70°C} = -21.52\ kJ \qquad (3.26)$$

Para la prueba 1 y 2, se emplearon aproximadamente 20.9 y 21 g de carbonato de calcio para alcanzar un pH por encima de 10.2. Este consumo afecta la viabilidad del proceso de cianuración en el ámbito económico.

Aunado a esto, la baja extracción de oro se debe principalmente a la reacción del cianuro de sodio con los sulfuros de zinc, cobre y hierro; ya que por afinidad química el azufre sulfuro y elementos como el cobre y zinc son conocidos como cianicidas. A continuación se muestran las reacciones químicas de la formación de complejos de valores con el cianuro.

$$4Au + 8NaCN + O_{2(g)} + 2H_2O = 4NaAu(CN)_{2(ia)} + 4NaOH \qquad \Delta G_{70°C} = -325.28\ kJ \quad (3.27)$$

$$4Ag + 8NaCN + O_{2(g)} + 2H_2O = 4NaAg(CN)_{2(ia)} + 4NaOH \qquad \Delta G_{70°C} = -248.58\ kJ \quad (3.28)$$

Con base en los resultados se puede determinar que el proceso permite la separación de los metales valiosos del proceso y que pueden extraerse en una solución de cianuro.

IV. CONCLUSIONES

ETAPA DE LIXIVIACIÓN

1.-Es posible extraer el 98% del cobre contenido en la calcopirita mediante el uso de un reactor a baja presión con oxígeno (1 kg/cm^2), 95 °C, 130 g/L de acidez.

2.- La adición de quebracho disminuye la extracción de cobre hasta en un 80 %.

3.- La temperatura a la cual se activa la reacción de descomposición de la calcopirita es de 95°C.

4.- El concentrado de calcopirita con algo contenido de carbonatos, requiere de una etapa de prelixiviación para la eliminación de los mismos.

5.- Se requiere de al menos 25 g/L de ácido sulfúrico en la solución para evitar la formación de plumbojarosita.

6.-El azufre elemental formado en la superficie de la calcopirita sin reaccionar, no pasiva la reacción de lixiviación.

7.- La ecuación cinética de extracción de cobre es de tipo sigmoidea y está representada por:

$$\% \text{ Ext Cu} = 1.546 + \frac{96.33}{\left[1 + e^{-\left(\frac{t-3.137}{0.277}\right)}\right]^{0.439}}$$

8.- La etapa controlante está modelada por un proceso estocástico multiparticulado, la constante de velocidad aparente con la prueba a 100 °C, 130 g/L de ácido sulfúrico y -140+200 mallas es de 0.3583 $\frac{1}{min}$.

9.- La energía de activación para la descomposición de la calcopirita en la etapa de lixiviación es de 61.93 $\frac{kJ}{mol}$.

10.- El orden de reacción, calculado con el método diferencial, de la ecuación de velocidad para la concentración de cobre en la solución ácida es 1.2.

11.- La ecuación para el cálculo de la cantidad de ácido sulfúrico inicial es:

$$1.25 = \frac{g\ \text{ácido consumidos Reales}}{g\ \text{ácido estequiométrico} + (\text{Conc. ácido final} * \text{volumen final})}$$

12.- La temperatura es la variable que presenta la mayor influencia en la extracción de cobre y el consumo de oxígeno.

ENFRIAMIENTO

13.- Con la etapa de enfriamiento es posible recuperar el 99% de la plata que entra al proceso de lixiviación directa.

REMOCIÓN DE AZUFRE ELEMENTAL

14.- Es posible remover por el 99% del azufre elemental empleando tetracloroetileno bajo las siguientes condiciones: etapa de extracción 50 °C, 30 g/L de azufre elemental por litro de tetracloroetileno durante 1 h y etapa de precipitación de 12 °C durante 1 h.

15.- Es posible obtener un concentrado de plomo que puede tratarse vía fundición de plomo o cianuración para la recuperación de valores.

REMOCIÓN DE HIERRO

16.- Es posible precipitar del 99 % del hierro contenido en la solución de sulfato de cobre y hierro proveniente de la etapa de lixiviación con menos del 0.5% de pérdidas de cobre.

17.- Es posible remover el hierro en solución como jarosita con carbonato de calcio como agente neutralizante y el uso de agua oxigenada como agente oxidante.

RECUPERACIÓN DE VALORES

18.- La recuperación de valores puede llevarse a cabo mediante la cianuración a presión con oxígeno, alcanzando hasta alrededor del 92% de extracción de plata y 23% de oro, cuando se emplean condiciones de: concentración de sólidos de 250 g/L, 75 °C de temperatura, 60 psi de presión de oxígeno, 15 g de cianuro de sodio, 10 g de carbonato de calcio y un tiempo de 1.5 h.

V. BIBLIOGRAFÍA

1. Habashi F. *Chalcopirite, its Chemestry and Metallurgy.* 1978. New York : Mc Graw-Hill.

2. Ballester A., Verdeja L. y Sancho J., *Metalurgia Extractiva, Procesos de obtención Volumen II.* 2005. Madrid Editorial Sintesis, págs. 245-294.

3. Dutrizac J. Metall. Trans. B, 1978. Vol. 9. pág. 431.

4. Servicios Especializados Peñoles S. A. de C, V. *Vigilancia tecnológica para el procesamiento de concentrados de cobre base calcopiritas.* 2015. Torreón : Consultores en Innovación OITEK, marzo.

5. Córdoba E., Muñoz J., Blázquez M., González F., Ballester A. *Leaching of chalcopyrite with ferric ion. Part I. general aspects.* 2008. Hydrometallurgy. Vol. 93. pág. 81.

6.**Codelco.** *http://www.codelco.cl/prensa/archivo/detalle_noticia.asp?cod=20090612114816.* 2009.

7. **INEGI.** ESTADÍSTICA DE LA INDUSTRIA MINEROMETALÚRGICA. [En línea] FUENTE: AEMM, 12 de Noviemre de 2016. http://portalweb.sgm.gob.mx/economia/es/produccion-minera/cobre.html.

8. Portal Minero. [En línea] 23 de 04 de 2015. http://www.portalminero.com/pages/viewpage.action?pageId=96754585.

9. El financiero. [En línea] Axel Sánchez. [Citado el: 29 de abril de 2015.] http://www.elfinanciero.com.mx/empresas/larrea-mete-a-mexico-a-top-10-de-produccion-de-cobre-del-mundo.html.

10. Davidson V. *The Bulls are Back in Town.* Santiago, World Copper Conference, 2017.

11. Schlesinger M., King M., Sole K. y Davenport W. *Extractive Metallurgy of Copper.* 2011. Amsterdam Elsevier. pág. 55.

12. Agakayak T., Aras A., Aydogan S. y Erdemoglu M. *Leaching chalcopyrite concentrate in hydrogen peroxide solution.* 2014. Turquía, Physicochem. Probl. Miner. Process. págs. 657-666. Vol. 50(2).

13. Tylor A. *Short Course, A-Z of Copper Ore Leaching.* Australia. ALTA Metallurgical Services. 2014. págs. 1-328.

14. Jansen M., and Taylor A. *Overview of Gangue Mineralogy Issues in Oxide Copper Heap Leaching.* ALTA Copper Proceedings, 2003.

15. Llanos J., Buljan A., Mujica C. y Ramirez R. *Electron transfer in the insertion of alkali metals in chalcopyrite.* 1995. Mater. Res. Bull. Vol. 30. págs. 43-48.

16. Olveira C. y Duarte H. *Disulphide and metal sulphide formation on the reconstructed surface of calchopyrite: a DFT study.* 2010. Apl. Surf. Sci. Vol 257. págs. 1319-1324.

17. Oertzen G., Harmer S. y Skinner W. *XPS and ab initio calculation surface states of sulphide minerals: pyrite, calcopyrite and molybdenite.* 2006. Mol. Simul. Vol. 32. págs. 1207-2012.

18. Raj D., Chandra K. y Puri S. *Mossbauer studies of calchopyrite.* 1968. J. Physical Soc. Japan. Vol. 24. págs. 39-41.

19. Mikhlin Y., Tomashevich Y., Tauson V., Vyalikh D. Molotdsov S. y Szargan R. *A comparative X-ray absortion near-edge structure study of bornite, Cu_5FeS_4, and calcopyrite $CuFeS_2$.* 2005. J. Electron. Spectrosc. Relat. Phenom., Vol. 142.págs. 83-88.

20. Pinget O., Dold B. y Fontboté L. Rojas de la Rivera J., Vergara M., y Caroline M. *Mineralogía de la mineralización exótica en Chuquicamata: nuevos avances.* 2012. Santiago de Chile : Geology Department, University of Chile, Plaza Ercilla 803, págs. 37-39.

21. C., Dutrizac J. E. y McDonald R. J. Miner. Sci. Eng. 1974. Vol. 6. pág. 59.

22. Outotec. *HSC Chemestry 8.* [V 8.0.6] 2014.

23. Ballester A., Verdeja L. y Sancho J. *Metalurgia Extractiva, Fundamentos.* 2000. España Síntesi. Vol. 1. pág. 512.

24. Nazari G., Nixon D. G. y Dreisinger D. *Enhancing the kinetics of chalcopyrite leaching in the Galvanox Process.* 2011. Hydrometallurgy, Vol. 105. págs. 251-258.

25. Price D. y Warren G. *The influence of silver ion on the electrochemical response of chalcopyrite and other mineral sulphide electrodes in sulfuric acid.* 1986. Hydrometallurgy. Vol. 15. págs. 303-324.

26. Miller J. y Portillo H. *Silver catalysis in ferric sulphate leaching of chalcopyrite.* Amsterdam: 13th International Mineral Processing Congress Part A. Elsevier. 1979. págs. 851-901.

27. Pawlek F. *The influence of grain size and mineralogical composition on the leachability of copper concentrates.* 1976. New York, Extractive metallurgy of copper. Vol. 2. págs. 690-705.

28. Frias C., Vera C. , Romero A. y Blanco J. *Mine Flotation and Hydroprocessing of Bulk Concentrates from Las Cruces.* 2015. Proceedings of Pb-Zn. págs. 549-560.

29. Palencia I., Carranza F. y Romero R. *Silver catalyzed IBES Process: application to a Spanish copper-Zinc sulphide concentrate. Part 2. Biooxidation of ferrous iron and catalyst recovery. 1998.* Hydrometallurgy. Vol. 1 págs. 101-112.

30. Hackl R., Dresinger D., Peter E. y King J. *Passivation of chalcopyrite during oxidative leaching in sulfate media.* 1995. Hydrometallurgy. Vol. 39. págs. 25-48.

31. Stott M., Watling H., Franzmann P. y Sutton D. *The role of iron.hydroxy precipitates in the passivation of chalcopyrite during bioleaching.* 2000. Miner. Eng. Vol. 13. págs. 1117-1127.

32. Tshilombo A.F. *Mechanism and kinetics of chalcopyrite passivation and depassivation during ferric and microbial leaching.* 2004. PhD. Tesis University of British Columbia.

33. Córdoba E., Muñoz J., Blázquez M., González F. y Ballester A. *Passivation of chalcopyrite its chemical leaching with ferric ion at 68 °C.* 2009. Miner. Eng. Vol. 22. págs. 229-235.

34. Viramontes G., Peña M. y Dixon D. *Electrochemical hysteresis and bistability in chalcopyrite passivation.* 2010. Hydrometallurgy, Vol. 105. págs. 140-147.

35. Antonijevic M., Jancovic Z. y Dimitrijevic M. *Investigation ok the kinetics of chalcopyrite oxidation by potassium dichromate.* 1994. hydrometallurgy, Vol. 35. págs. 187-201.

36. Dutrizac, J.E. *Elemental sulphur formation during the ferric sulphate leaching of chalcopyrite.* 1989. Can. Metall., 1989. Vol. 28. págs. 337-344.

37. Majima H., Awakura Y., Hirato T. y Tanaka T. *The leaching of chacopyritein ferric chloride and ferric sulfate solutions.* 1985. Can. Metall. Q. Vol. 56. págs. 283-291.

38. Muñoz P., Miller J. y Wadsworth M. *Reaction mechanism for the acid ferric sulfate leaching of chalcopyrite.* 1979. Metall. Trans. B., 1979. Vol. 10B. págs. 149-158.

39. Harmer S.L. *Surface layer control for improved copper recovery for chalcopyrite leaching.*: University of South Autralia, 2002.

40. Xian Y.J., Wen S.M., Deng J.S., Liu J. y Nie Q. *Leaching chalcopyrite with sodium chlorate in hydrochloric acid solution.* 2012. Can. Metall. Q., 2012. Vol. 51. págs. 133-140.

41. Ammou-Chokroum M., Cambazoglu M. y Steinmez D. *Oxydation menagée de la chalcopyrite en solution acide: analyses cinétique de réactions II. Modéles diffusionales.* 1977. Bull. Soc. Fr. Miner. Cristallogr. Vol. 100. págs. 161-177.

42. Parker A., Paul R. y Power G. *Electrochemistry of the oxidative leaching of copper from chalcopyrite.* 1981. J. Electroanal. Chem. Interfacial. Electrochem., Vol. 118 págs. 305-316..

43. Klauber C., Parker A., van Bronswijk W. y Watling H. *Sulphur speciation of leached chalcopyrite surfaces as determined by X-ray photoelectron spectroscopy.* 2001. Int. J. Miner. Process. Vol. 62. págs. 65-94.

44. Dutrizac J. *The dissolution of chalcopyrite in ferric sulfate and ferric chloride media.* 1981. Metall. Mater. Trans. B. Vol. 12. págs. 371-378.

45. Klauber C. *A critical review of the surface chemistry of acidic ferric sulphate dissolution of chalcopyrite with regards to hindered dissolution.* 2008. Int. J. Miner. Process. Vol. 86. págs. 1-17.

46. Parker A., Klauber C., Kougianos A., Watling H.R. y Van Bronswijk W. *An X-ray photoelectron spectroscopy study of the mechanism of oxidative dissolution of chalcopyrite.* 2003. Hydrometallurgy. Vol. 71. págs. 265–276.

47. Stott M., Watling H., Franzmann P. y Sutton, D. *Role of iron-hydroxy precipitates in the passivation of chalcopyrite during bioleacing.* 2000. Miner. Eng. Vol. 13. págs. 1117-1127.

48. Arce E. y Gonzalez I. *A comparative study of electrochemical behavior of chacopyrite,chalcocite and bornite in sulfuric acid solution.* 2002. Int. J. Miner. Process,. Vol. 67. págs. 17-28.

49. Harmer S., Thomas J., Fornasiero D. y Gerson A. *The evolution of surface layers formed during chalcopyrite leaching. 2006.* Geochim Cosmochim Acta, Vol 70. págs. 392-402.

50. Kawashima N., Kaplun K. Absolon V.J. y Gerson A.R. *Chacopyrite leaching: the rate controlling factors.* 2010. Geochim Cosmochim. Vol. 74. págs. 2881-2893.

51. Burkin, A. *Solid-state transformations during leaching.* 1969. Min. Sci. Engng. Vol. 1. págs. 4-14.

52. Carneiro M. y Leao V. *The role of sodium chloride on surface properties of chalcopyrite leached with ferric sulphate.* 2007. Hydrometallurgy, Vol. 87.págs. 73-79.

53. Gianfranco B., Gentina J., Albistur P. y Slanzi G. *Evaluation of processing options to avoid the passivation of chacopyrite.* 2013. Chile : Int. J. of Min. Proc., Vol. 125. págs. 1-4.

54. Nicol M. *Kinetics of the oxidation of copper (I) by oxigen in acidic chloride solutions.* 1984. S. Afr. J. Chem.Vol- 37 págs. 77-80.

55. Padilla R., PAvez P. y Ruiz M.C. *Kinetics copper dissolution from sulfidized chalcopyrite at high pressures in H2SO4-02.* 2008. Hydrometallurgy, págs. 113-120.

56. Mahajan V., Misra M. y Zhong K. *Enhance leaching copper from chalcopyrite in hydrogen preoxide-glycol system.*2007. Miner. Eng. págs. 670-674.

57. Bjorling G., Faldt I., Lindgren E. y Toromanov I. *Nitric acid route in combination with solvent extraction for hydrometallurgical treatment of chalcopyrite.* 1976. págs. 725-737.

58. Prater J., Queneau P.B. y Hudson T. *Nitric acid route to processing copper concentrates.* 1973. Trans. Soc. Mining Eng. AIME, Vol. 254. págs. 117-125.

59. Dixon D. y Rivera B. *Leaching Process for Copper Concentrates With A Carbon Catalyst.* Canada : Univ British Columbia, WO2011047477A1, 2011.

60. Sinclair R. *Leaching Process For Copper Concentrates Containing Arsenic And Antimony Compounds.* Canada : Univ British Columbia. WO2009135291A1., 2009.

61. Hiroyoshi N., Arai M., Miki H., Tsunekawa M. y Hirajima T. *A new reacton model for the catalytic effect of silver ions on chalcopyrite leaching in sulphuric acid solutions.* 2002. Hydrometallurgy. Vol. 63. págs. 257-267.

62. Hiroyoshi N., Miki H., Hirajima T. y Tsunekawa M. *A model ofr ferrous-promoted calcopyrite leaching.* 2000. Hydrometallurgy. Vol. 57. págs. 31-38.

63. Gretchen L. *Means for the leaching of copper from refractory minerals.* 2012. MX 2010013713 A.

64. Carrillo F. R., Sanchez M. A. y Soria- M. *EVALUATION OF ACID LEACHING OF LOW GRADE CHALCOPYRITE USING OZONE BY STATISTICAL ANALYSIS.*: CANADIAN METALLURGICAL QUARTERLY. Vol. 49. págs. 219-226.

65. Marcial O. y Lapidus G. *STUDY OF THE DISSOLUTION OF CHALCOPYRITE IN SULFURIC ACID SOLUTIONS.* LECTROCHIMICA ACTA, 2014. Vol. 140. págs. 434-437.

66. Wadsworth, M. Miner. Sci. Eng. 1972. pág. 36. 4.

67. Taylor A. y Jansen, M. *HYDROMETALLURGICAL TREATMENT OF COPPER SULPHIDES – ARE WE ON THE BRINK?*ALTA Metallurgical Services. s.l. : International Project Development Services. págs. 1-8.

68. Atwood G. E. y Curtis C. H. *US Pat. 3,785,944 y 3,879,272.* 1974.

69. Heaver F. P. y Wong M. J. Met., 1971. pág. 25. 23.

70. Kruesi P.R. min. Congr. J., 1974. pág. 22. 60.

71. J.E. Halfyard, K. Hawboldt. *Separation of elemental sulfur from hydrometallurgical residue: A review.* 2011. Hydrometallurgy. Vol. 109. págs. 80–89.

72. Chalkley, M.E., Collins, M. y Ozberk E. *The behaviour of sulphur in the Sherritt Zinc Pressure Leach Process.* Hobart : International Symposium—World Zinc '93., October 1993.

73. Hasebe N. y Yu J., Ultraclea Incorporated, Irvine California. *Process and apparatus for purifying elemental sulfur carried in an aqueous cake.* 1991. *US 5,049,370* Estados Unidos.

74. McGuire M. y Hamers R. *Extraction and quantitative analysis of elemental sulfur from sulfide mineral surfaces by High-performance liquid chromatography.* 2000. Environ. Sci. Technol. Vol. 34. págs. 4651-4655.

75. Wang C., Wang Y., Zhang Y., Zhao Q. y Wang R. *Reclamation of elemental sulfur from flue gas biodesulfurization waste sludge.* 2010. Beijing : People's Republic of China, Journal of the Air & Waste Management Association. Vol. 60. págs. 603-610.

76. Marco O., Maccagni M. y Cossali S., *Process for the recovery of elemental sulphur from residues produced in hydrometallurgical processes.* ENGITEC TECHNOLOGIES S P A . Vol. EP1860065.

77. Alloway B. y Ayres D., *Chemical Principles of Environmental Pollution.* 1993, Blackie Academic and Professional, pág. 291.

78. Nielsen P., Christensen T. y Vendrup M., *Continuous removal of heavy metals from FDG waste-water in a fluidized bed without sludge generation.* 2-3, 1997, Water Sci. Technolo. Vol. 36. págs. 391-397.

79. Zhou P., Huang J., Li A., y Wei S. *Heavy metal removal from wastewater in lfuidized bed reactor.* 1999, Wat. Res. Vol. 33. págs. 1918-1924.

80. Bocardo P. y Ferreira S. *Precipitación de hierro (III) utilizando óxido de magnesio en lecho fluidizado.* 2006. Revista de metalurgia. Vol. 42. págs. 270-278.

81. *Teringo J.* *Pollut. Eng. 1987, págs. 78-83.*

82. Sinclair R. *The Extractive Metallurgy of Zinc. Carlton Victoria. 2005, Australasian Institute of Mining and Metallurgy, Vol. 13. págs. 62-74.*

83. Weir D. R. y Cerezowsky R. *Refractory Gold: The role of Pressure Oxidation : Proc. Intern. Conf. on Gold., 1986, Vol. 2. págs. 275-285.*

84. Demopoulos G. P., y Papagelakis V. G. *1989, CIM Bulletin, págs. 85-91.*

85. Berezowski R. , Collins M. J., Kerfoot D. G. y Torres N. *1991. jom. págs. 9-15.*

86. Ollervides P. *Desarrollo Tecnológico de un proceso para recuperar metales preciosos del yacimiento de Bacis. 1995, Tesis del Instituto Tecnológico de Saltillo.*

87. Aguayo S., Parga J. R. y Sanchez V. M. *Innovaciones Minerometalúrgicas en la recuperación de Oro y Plata. 1992, Instituto Tecnológico de Saltillo. Vol. 1. págs. 60-74.*

88. Burbank A., Choi N. y Pribrey K. *Biooxidation of Refractory Gold ores in Heaps. 1990. Advances in Gold and Silver processing. Proc. Symp. at GOLDTech 4, págs. 151-159.*

89. Pietsch H., Turke W., Sjoberg J. y Lindstrom R. *Erzmetall. 1983. Vol. 36. págs. 261-265.*

90. Sinclair R. J. *The extractive metallurgy of zinc. 2005, The australian Institute of mining & metallurgy, Vol. 13. págs. 58-60.*

91. Dutrizac J., MacDonald R., y Lamarche R. *Solubility of silver sulfate in acidified ferric sulfate solutions. 1975. Journal of CHemical and Engineering Data, Vol. 20. págs. 55-60.*

92. Chen S., Berg C., Mansikkaviita H., Dezi W. y Rong, Z. *Drying Blended Concentrates by Kumera Steam Dryer for Kivcet Flash Smelting. Australia: Proceedings Pb-Zn. 2015. Vol. 1. págs. 257-265.*

93. Burrows A., Azekenov T. y Zatayev R. *Lead ISASMELTTM Operation at Ust-Kamenogorsk. 2015. Vol. 1. págs. 245-256.*

94. Wang C., Yin F., Gao W. y Ma B. *The research and Engineering Practice of the Lead Oxygen-Enrichment Flash Smelting. 2015. Proceedings Pb-Zn 2015. Vol. 1. págs. 273-284.*

95. Prajsnar R., Czerneki J., Gostynsky Z. y Bialy R. *Recovery of lead in copper smelters of KGHM Polska Miedz S.A. 2015. Proceedings Pb-Zn. Vol. 1. págs. 53-64.*

96. Wang C., Wang Y., Zhang Y., Zhao Q. y Wang R. *Reclamation of Elemental Sulfur from Flue Gas Biodesulfurization Waste Sludge. 2012. J. Air & Waste Manage. Assoc. Vol. 60. págs. 603-610.*

97. Jones D. *Process for the Recovery of Nickel and/or Cobalt from a Concentrate. 2002. United States Patent No. 6,383,460.*

98. Pia S. y Tuukka K. *Method and process arrangement of separating elemental sulphur. 2016. WO 2015086906 A1.*

99. Hasebe N., Yu J. *Process and apparatus for purifying elemental sulfur carried in an aqueous cake. 1991. United States Patent. No. 5,049,370.*

100. Didier A. *Procedimiento de extracción del azufre de minerales de hierro tratados por lixiviación oxidante. 1988 Registro de la propiedad Industrial España No. 2,003,253.*

101. Tweeddale G. *Method of dissolving Sulfur from Ores. 1944. United States Patent No. 2,409,408.*

102. Bravo P. *El panorama de la hidrometalurgia. 2006. 303, Santiago, Chile : Editec S. A. Revista Minería Chilena.*

103. SEPSA. *Vigilancia tecnológica para el procesamiento de concentrados de cobre base calcopiritas. 2015. Torreón : Consultores en Innovación OITEK.*

104. Taylor A. *ALTA Short Course - A-Z of Copper Ore Leaching. 2014, ALTA Metallurgical Services, págs. 1-328.*

105. Frias C., Vera E., Romero A. y Blanco J. *Flotation and Hydroprocessing of bulk concentrate from Las cruces Mine. 2015. España, Proceeding of Pb-Zn, págs. 549-560.*

106. Outotec. *HSC Chemistry 8. 2014, Vol. Versión 8.0.6.*

107. Aydogan S., Ucar G. y Canbazoglu M., *Dissolution kinetics of chalcopyrite in acidic potassium dichromate solution. 2006. Hydrometallurgy. Vol. 81, págs. 45–51.*

108. Xian Y., Wen S., Deng J., Liu J. y Nie Q. *Leaching chalcopyrite with sodium chlorate in hydrochloric acid solution. 2012. Can. Metall. Q., Vol. 52, págs. 133–140.*

109. Adebayo A., Ipinmoroti K. y Ajayi O. *Dissolution kinetics of chalcopyrite with hydrogen peroxide in sulphuric acid medium. 2003. Chem. Biochem. Eng. Q. Vol. 17, págs. 213–218.*

110. O'Brien R., MacDonald C. y Meadows N. *Chloride–sulphate leaching from chalcopyrite ores from Sabah. 1999. ALTA Metallurgical Services. ALTA Copper Sulphides Symposium and Copper Hydrometallurgy Forum (Gold Coast, QLD). .*

111. Antonijevic M. , Jankovic Z. y Dimitrijevic M. *Kinetics of chalcopyrite dissolution by hydrogen peroxide in sulphuric acid. 2004. Hydrometallugy. Vol. 7 págs. 329-334.*

112. Yin Q., Kelsall G.H., Vaughan D.J. y England K.E.R. *Atmospheric and electrochemical oxidation of the surface of chalcopyrite ($CuFeS_2$). 2001. Geochim Cosmochim Acta, Vol. 59. págs. 1091-1100.*

113. Linge H.G. *Reactivity comparison of Australian chalcopyrite concentrates in acidified ferric solution. 1977. Hydrometallurgy. Vol. 2. págs. 219-233.*

114. Dutrizac J. *The kinetics of dissolution of chalcopyrite on ferric ion media. 9B, 1978, Metall. Trans. Vol. B. págs. 431-439.*

115. Burkin A. *Solid-state trasnformations during leaching. 1969. Min. Sci. Engng. Vol. 1. págs. 4-14.*

ANEXO A

Apartado A.1. Procesos de lixiviación de cobre.

PROCESO DE LIXIVAICION	NOMBRE DEL PROCESO	PAÍS/EMPRESA	ESTATUS	MINERAL DE COBRE	TEMP (°C)	PRESIÓN (atm)	TIPO DE MOLIENDA	ÁCIDO EMPLEADO	REACTIVO OXIDANTE EMPLEADO	PRODUCCIÓN (t/año)	PRODUCTO
Base Sulfatos **Temperatura baja y presión media-baja**	Mount Gordon	Australia/Aditya Birla	Nivel comercial	Calcocita con contenido de pirita	80-90	8	80% - 100μm	Sulfúrico diluido	O_2, iones Fe^{3+}	50,000	Cobre grado A, vía SX/EW
	Activox	Botswana (Tati)/Norilsk Process Technology	Planta piloto	Concentrados de níquel y cobre.	90-110	10-12	Ultrafina (5-10μm)	Sulfúrico diluido	O_2, iones Fe^{3+}	12,000-16,000	Cobre electrolítico, vía SX/EW
	Nenatech (Albion)	Australia (Brisbane) /Core Resources	Nivel planta piloto	Calcopirita	85	Atmosférica	Ultrafina (5-10μm)	Sulfúrico diluido	O_2, iones Fe^{3+} ySO_4^{-2}	--	Cobre electrolítico, vía SX/EW
	Las cruces	España/First Quantum Minerals	Nivel Comercial	Calcopirita	90	Atmosférica	10-15 μm	Sulfúrico diluido	H^+, O_2 y Fe^{3+}	72,000	--
	Heap Leaching Quebrada Blanca	Chile	Nivel Comercial	Calcopirita	Ambiente	Atmosférica	No requiere de molienda fina	Sulfúrico diluido	Sólo solución con ácido sulfúrico	--	--
	Galvanox	Canadá (Vancouver)/UBC	Planta piloto	Calcopirita o energita con pirita	80	Atmosférica	75 μm	Sulfúrico diluido	O_2 o aire y Pirita o plata.	--	Cobre electrolítico, vía SX/EW
Base Sulfatos **Temperatura media y presión media-baja**	Anglo American Corporation/ University of British Columbia (AAC/UBC)	Sudáfrica (Johannesburgo) /AAC-UBC	Planta piloto	Calcopirita	150	10-12	80% - 10μm	Sulfúrico diluido	O_2, Surfactantes (Requiere de remolienda)	--	Cobre electrolítico, vía SX/EW
	Freeport McMoRan	EUA (Arizona) /Freeport McMoRan	Planta comercial (se encuentra en mantenimiento)	Concentrados sulfurosos de cobre	160	13.6	98% - 15μm	Sulfúrico diluido	Surfactantes y O_2	65,200	Cobre electrolítico, vía SX/EW
	Proceso Dynatec	Canadá	Planta piloto	Calcopirita	150	10-dic	90% 37μm	Sulfúrico diluido	O_2 y coque como aditivo	--	Cátodos de cobre por EW
Base Sulfatos **Temperatura alta y Presión alta**	Freeport McMoRan	EUA (Arizona) /Freeport McMoRan	Nivel Semi-Comercial (Cerrada)	Calcopirita y molibdenita	225	32.5	Molienda fina	Sulfúrico diluido	O_2	16,000	Cobre electrolítico, vía SX/EW
	Kansanshi	Zambia (Chingola) /First Quantum y ZCCM	Nivel comercial	Óxidos, sulfuros y mezcla de minerales de cobre	220	29.6	No requiere de molienda fina	Sulfúrico diluido	O_2	+50,000	Cobre electrolítico, vía SX/EW
	Sepon Copper	Sepon/MMG	Nivel comercial	Calcocita y arcillas	80	1	100 μm	Sulfúrico diluido	Ácido Sulfúrico ,iones Fe^{3+}	90,000	Cobre electrolítico, vía SX/EW
				Pirita	230	30-32	80% - 50μm	Sulfúrico diluido	O_2		
	Platsol Process	SGS	Planta piloto	Sulfuros de cobre	220-230	30-40	80% - 15μm	Sulfúrico diluido con cloruro	O_2 y NaCl lixiviación de valores en 1 etapa	33,000	Cobre electrolítico, vía SX/EW
	TPOX	EUA(Arizona)/Freeport McMoRan	Nivel comercial	Calcopirita	200-230	30-40	80% - 37μm	Sulfúrico diluido	O_2	16,000	Cobre electrolítico, vía SX/EW
Proceso biolixiviación	BioCop	Chile (Chuquicamata) /Alliance copper (BHP Billiton y CODELCO)	Planta comercial	Calcopirita y enargita	70-80	Atmosférica	37μm	Sulfúrico diluido	O_2, bacterias termofílicas extremas iones Fe^{3+}	20,000	Cobre electrolítico, vía SX/EW
	GEOCOAT	Brasil (mineracao)/ GeoBiotics	Planta demo	Calcopirita	Ambiente	Atmosférica	No requiere molienda ultrafina.	Sulfúrico diluido	Aire, iones Fe, bacterias moderadas termofílicas	--	Cobre electrolítico, vía SX/EW
	BacTech-Mintek	Tasmania/Mount Lyell	Planta piloto	Calcopirita	48	Atmosférica	10-20μm	Sulfúrico diluido	Aire, bacterias moderadas termofílicas y aire	--	Cobre electrolítico, vía EW
		México/Peñoles	Planta Demo	Calcopirita y varios sulfuros de cobre	35-50	Atmosférica	10-20μm	Sulfúrico diluido	Aire, bacterias moderadas termofílicas iones Fe^{3+}	160	Cobre electrolítico, vía SX/EW
Base Cloruros y/o Bromuros	CESL	Brasil (Vale)/UHC Sossego	Planta Demo	Concentrados de cobre (calcopirita) y níquel.	140-150	12-13.5	95% -37 μm	Sulfúrico diluido y clorhídrico	O_2, Iones cloruros y surfactante	15,000-20,000	Cátodo de cobre LME, vía SX/EW
	Intec	Australia (Sidney) /Consorcio de compañías	Planta Demo	Calcopirita y otros sulfuros de cobre	80-90	Atmosférica	No requiere molienda ultrafina	Solución de halogenuros.	O_2, aire, $CaCO_3$, NaCl y NaBr. Se forma $BrCl_2$	350	Cobre electrolítico, vía EW
	HydroCopper	Finlandia (Pori) /Outukumpu	Planta piloto (Existe el interés de instalar una planta comercial en Mongolia)	Calcopirita y otros sulfuros de cobre	85-95	Atmosférica	-100μm	Solución cloruro-bromuro	O_2, iones Cu^{+2}, NaBr para disolver Au.	330	Emplea electrólisis alcalina de cloro.
	Ácido (sulfato-cloruro)	Australia (Port Pirie) /Nyrstar	Nivel Comercial (Ya no se opera)	Plomo-cobre (matte)	80-95	Atmosférica	75-100 μm	Solución con sulfatos y cloruros	O_2, aire y NaCl.	4,500	Cobre electrolítico, vía SX/EW
	Cuprex	ESPAÑA/Nerco Minerals (Técnicas Reunidas)	Planta piloto	Calcopirita y otros sulfuros de cobre	95	Atmosférica	No requiere molienda ultrafina.	Solución cloruro	O_2 y $FeCl_3$	330	Cátodos de cobre, vía SX/EW
	CLEAR	EUA (Arizona)/Duval	Nivel comercial (Ya no se opera debido a problemas técnicos)	Calcopirita y otros sulfuros de cobre	104	Atmosférica (etapa 1) y a presión Fe^{3+}y O_2 (etapa2)	--	Solución cloruro	O_2, $FeCl_3$, KCl, NaCl en 2 etapas de lixiviación	210	Cobre electrolítico, vía EW
Base Amonio	Arbiter	EUA (Montana)/Anaconda	Nivel comercial (Cerrada por problemas en costos de operación y dificultades técnicas)	Calcocita	75-80	0.5	Molienda fina	Sulfato de amonio	O_2, amoniaco	210	Cobre electrolítico, vía SX/EW
	La escondida	Chile/BHP Billiton	Nivel Comercial (Cerrada por lenta lixiviación de cobre según la capacidad instalada)	Calcocita	40	Atmosférica	37-74 μm	Amoniaco y sulfato de amonio	aire y amoniaco	80,000	Cobre electrolítico, vía SX/EW
Base Nitrógeno	NSC	EUA (Idaho)/Sunshine Mining	Planta piloto	calcocita (para calcopirita se realizaron pruebas en laboratorio)	170	6-10	Ultrafina (80% - 10μm)	Solución nitrosa/nítrica	O_2,Nitrito de sodio	--	Cobre electrolítico, vía SX/EW

ANEXO B

Apartado B.1. Hoja de prueba de la etapa de lixiviación de concentrados de cobre.

SERVICIOS ESPECIALIZADOS PEÑOLES S.A. DE .C.V.
CENTRO DE INVESTIGACION Y DESARROLLO TECNOLOGICO CID
DEPARTAMENTO DE PROCESOS METALURGICOS

PEÑOLES

Fecha : ______

Prueba No. ______ Realizó: ______

1 OBJETIVO. Determinar: La cinética de la reacción en la lixiviación de cobre en 1 etapa
Determinar el consumo de oxígeno en la reacción

2 CONDICIONES EXPERIMENTALES.

%Cu=

0 Base de calculo: %Fe=

SE REQUIERE UNA SOLUCIÓN:

Cu^{2+}_{final}= 19 g/L

Vol. De H_2O =	______	L
Vol. De H_2SO_4 =	______	L
$[H_2SO_4]_{inicial}$ =	______	g/L
Volumen de sl´n =	______	L
Sólidos (concentrado) =	______	g
P total O_2 =	______	lb/pulg^2
Agitación =	______	Hz
[solidos]=	______	g/L
Fe 2+ =	______	g/L
$FeSO_4\ 7H_2O$=	______	g
Quebracho=	______	g
Tiempo de reacción=	______	h
Sln Cobre______ =	______	L

Reacción global de calcopirita

PM	733.52	392	128	22.4	1518.4	638.16
	$CuFeS_2$ +	H_2SO_4 +	2.5 $O_{2(g)}$ +	=	$FeSO_4$ + S° + H_2O +	$4CuSO_4$
g	0.00	0.00	0.00		0.00	0.00

Reacción de oxidación del ion ferroso

PM	98	32	151.84		399.68	
	H_2SO_4 +	$0.5O_2$ +	$2FeSO_4$	=	$Fe_2(SO_4)_3$	+ H_2O
g	0.00	0.0	0.00		0.00	

		183.38	799.36		759.2	
PM		$CuFeS_2$ +	2 $Fe_2(SO_4)_3$	=	$5FeSO_4$ +	2S° + $CuSO_4$
Requiero--->		0.00	0		0	
g		Fe^{3+}=	0 g			

PM	63.58	98	15.99	22.4	159.54	18
	Cu^{2+} +	H_2SO_4 +	1/2 $O_{2(g)}$ +	=	$CuSO_4$ +	H_2O
	0.00	0.00	0.00		0.00	0.00

3 EQUIPO EXPERIMENTAL

3.1 Equipo de agitación
3.2 Cronómetro
3.3 Material de vidrio (vasos de pp, probeta, vidrios de reloj, matraz kitazato, [illegible]argaderas, embudos Buchner y filtros)
3.4 Adquisidor de datos
3.5 Impelentes

4 PROCEDIMIENTO EXPERIMENTAL

4.0 Colocar en el reactor de 30L la cantidad de agua indicada.
4.1 Iniciar agitación (15 Hz)
4.2 Agregar el concentrado de cobre requerido.
4.3 Conectar Termopar y el transmisor de presión al adquisidor de datos y poner en modo grabar cada 1 segundo y empezar a grabar.
4.4 Adicionar la cantidad de suflato ferroso requerida.
4.5 Adicionar cantidad indicada de ácido sulfúrico.
4.6 Añadir cantidad de quebracho indicada.
4.7 Cerrar la tapa del reactor y purgar aire con O_2. 3 min. Anotar peso inicial y final del Tanque de O_2.
4.8 Cerrar válvulas, aumentar presión del reactor a 14 lb/in2
4.9 Aumentar agitación a 1182 rpm (inicio tiempo prueba)
4.10 Tomar muestra de 100mL a los 5, 10, 15, 20, 30, 45, 60, 90, 120, 180, 240, 300, 360,420 min. Antes de cada muestra hacer una purga de 100mL y recolectar en un vasode pp aparte.
4.11 Filtrar muestras. Tomar 50 mL y diluir 1:1. Analizar por Ag, As, Cu.
4.12 Durante la prueba colectar datos de presión , temperatura, gasto de O_2
4.13 Después de 7 hrs detener grabación, cerrar tanque de O_2, liberar presión reactor. Abrir reactor
4.14 Tomar muestra de 2 L de suspensión. Medir densidad de la suspensión. Filtrar 1 litro. Lavar sólidos analizar agua lavado por Cu, As
4.15 Medir densidad y pH de solución y de sólidos. Secar sólidos, medir % de humedad.Preparar muestra para AQ y DRX -FRX-MEB

Apartado B.2. Hoja de prueba de la etapa de lixiviación de concentrados de cobre (continuación).

5 RESULTADOS

TIEMPO	PRESION	TEMP	PESO O2		ORP	ACIDEZ	OBSERVACIONES
min	lb/in^2	°C	g	Acumulado	V	g/L	
		PROMEDIO		CONSUMO O2		g	

OBSERVACIONES:

Consumo de O_2= ________ t O2/t Cp alimentados

H_2SO_4 alimentado= ________ m3 H_2SO_4/tn Cu alimentado

Muestra			MUESTRA TOTAL		
pH			pH suspensión		
Volumen de la suspensión:		mL	Volumen de la suspensión:		L
Peso de la suspensión:		g	Peso de la suspensión:		g
Densidad de la suspensión:	#¡DIV/0!	g/mL	Densidad de la suspensión:	#¡DIV/0!	g/mL
Volumen solución final:		mL	Volumen solución final:		L
Peso de la solución:		g	Peso de la solución:		g
Densidad de solución:	#¡DIV/0!	g/mL	Densidad de solución:	#¡DIV/0!	g/mL
Agua de lavado		mL	Agua de lavado		L
Peso del agua de lavado		L	Peso del agua de lavado		L
Concentración de sólidos:		g/L	Concentración de sólidos:		g/L
Peso de residuo Hum:		g	Peso de residuo Hum:		g
Peso de residuo seco		g	Peso de residuo seco		g
Humedad de residuo:		%	Humedad de residuo:		%
Densidad del residuo:		g/mL	Densidad del residuo:		g/mL
Encoje		%	Encoje		%

Apartado B.3 Hoja de prueba para la etapa de Remoción de Azufre Elemental.

SERVICIOS ESPECIALIZADOS PEÑOLES S.A. DE .C.V.
CENTRO DE INVESTIGACION Y DESARROLLO TECNOLOGICO CID
DEPARTAMENTO DE PROCESOS METALURGICOS

Fecha : 22/10/2016

Prueba No. ElimS°-01-1L

Realizó: JCH

1 OBJETIVO. Determinar el porcentaje de eliminación de hierro.
Determinar la temperatura máxima y mínima de operación.

2 CONDICIONES EXPERIMENTALES.

Volumen Percloretileno =	1.72	L
Cantidad de residuo =	100.00	g
Nombre del concentrado	Velardeña	
Temperatura Prom de extracción=	78.19	°C
Temperatura Min de precipitación=	0.50	°C
Velocidad de agitación=	333.00	RPM
Concentración de sólidos=	58.14	g/L
Concentración de sólidos=	29.99	g S°/L perc
Tiempo de Extracción=	70.00	min
Tiempo de precipitacion=	60.00	min
% S°	51.59	%

3 EQUIPO EXPERIMENTAL

3.1 Sistema de agitación
3.2 Cronómetro
3.3 Material de vidrio (vasos de pp, probeta, vidrios de reloj, matraz kitazato, alargaderas, embudos Buchnner y filtros)
3.4 Adquisidor de datos.
3.5

4 PROCEDIMIENTO EXPERIMENTAL

4.0 Colocar en el vaso de precipitado o reactor la cantidad de orgánico requerida.
4.1 Iniciar agitación a bajas revoluciones.
4.2 Conectar Termopar y los electrodos de ORP al adquisidor de datos y poner en modo grabar cada 2 segundo y empezar a grabar.
4.3 Incrementar la temperatura del líquido orgánico hasta alcanzar la deseada.
4.4 Añadir el residuo/sólido requerido para la etapa de extracción.
4.5 Incrementar la velocidad de agitación a la requerida.
4.6 Dejar reaccionar el tiempo necesario para la extracción del S°.
4.7 Una vez concluida la etapa, filtrar en caliente.
4.8 El sólido(residuo) se deberá repulpar en agua y filtrarlo nuevamente para tomar su peso húmedo y secarlo a 60°C en al estufa.
4.9 El liquido se deberá enfriar a la temperatura requerida para precipitar el S°.
4.10 Despues de su precipitación, el residuo se deberá filtrar para lavarlo con agua fria y tomar su peso húmedo.
4.11 El S° obtenido se mete a secar a 60°C en la estufa.
4.12 El percloretileno sin S° se puede emplear para una nueva etapa de extracción de S°.
4.13 Los sólidos en la estufa se deberán secar para registrar el peso seco obtenido.
4.14 Se deberán analizar por los elementos necesarios y la caracterización correspondiente.
4.15 Dejar el área de trabajo limpia y ordenada.

Apartado B.4 Balance de la prueba típica de Remoción de Azufre elemental.

ETAPA DE ELIMINACIÓN DE AZUFRE

PRUEBA: ElimS°-01-1L | Solubilidad 29.99 gS°/Lsolv. | Extracción de Cu= 0.00 % | CONSUMO O2 = 0.000 t O_2 / t Cp alimentada

FECHA: 22/04/2016 | Temperatura= 9.69 °C | Tiempo de Prueba 2.5 h | $[H_2SO_4]$final= 0.00 g/L

			Análisis Químico (%, g / L)									Contenido (g)									Distribución de ENTRADA - SALIDAS (%)								
ENTRADAS:	**Cantidad**	**Unidad**	**Au**	**Ag**	**Cu**	**Se**	**Pb**	**Fe**	**S°**	**Zn**	**Te**	**Au**	**Ag**	**Cu**	**Se**	**Pb**	**Fe**	**S°**	**Zn**	**Te**	**Au**	**Ag**	**Cu**	**Se**	**Pb**	**Fe**	**S°**	**Zn**	**Te**
Residuo	100.00	g	2.70	1090.00	1.60	0.00	14.60	3.83	0.00	0.29	0.00	0.00	0.11	1.60	0.12	14.60	3.83	51.59	0.29	2.60	100.00	100.00	100.00	100.00	100.00	100.00	100.00	100.00	100.00
Solv. Perc inicial	1.72	L	0.00	0.00	0.00	0.00	0.00	0.00	0.00	0.00	0.00	0.00	0.00	0.00	0.00	0.00	0.00	0.00	0.00	0.00	0.00	0.00	0.00	0.00	0.00	0.00	0.00	0.00	0.00
		TOTAL	2.70	1090.00	1.60	0.00	14.60	3.83	0.00	0.29	0.00	**0.000**	**0.109**	**1.600**	**0.118**	**14.600**	**3.830**	**51.590**	**0.290**	**2.600**	**100.00**	**100.00**	**100.00**	**100.00**	**100.00**	**100.00**	**100.00**	**100.00**	**100.00**
ERROR DE BALANCE ENTRADA												3.30	4.95	-5.61	46.53	2.00	-8.98	-13.65	-1.61	2.45									
SALIDAS: / **ERROR DE BALANCE SALIDA**												3.41	5.20	-5.31	87.01	2.04	-8.24	-12.01	-1.58	2.51									
Residuo Val	37.3	g	7.00	2777.70	4.53	0.05	38.36	11.19	0.98	0.79	6.80	0.00	0.10	1.69	0.02	14.31	4.17	0.37	0.29	2.54	100.00	100.00	100.00	27.19	100.00	100.00	0.62	100.00	100.00
Residuo S°	40.6	g	0.00	0.00	0.00	0.08	0.00	0.00	98.46	0.00	0.00	0.00	0.00	0.00	0.03	0.00	0.00	39.97	0.00	0.00	0.00	0.00	0.00	48.26	0.00	0.00	68.18	0.00	0.00
Solv. Perc final	1.61	L	0.00	0.00	0.00	0.01	0.00	0.00	10.88	0.00	0.00	0.00	0.00	0.00	0.01	0.00	0.00	17.52	0.00	0.00	0.00	0.00	0.00	22.96	0.00	0.00	29.88	0.00	0.00
Solv. Lav	0.1	L	0.00	0.00	0.00	0.01	0.00	0.00	7.76	0.00	0.00	0.00	0.00	0.00	0.00	0.00	0.00	0.78	0.00	0.00	0.00	0.00	0.00	1.58	0.00	0.00	1.32	0.00	0.00
		TOTAL	7.00	2777.70	4.53	0.14	38.36	11.19	118.08	0.79	6.80	**0.00**	**0.10**	**1.69**	**0.06**	**14.31**	**4.17**	**58.63**	**0.29**	**2.54**	**100.00**	**100.00**	**100.00**	**100.00**	**100.00**	**100.00**	**100.00**	**100.00**	**100.00**

Apartado B.5 Hoja de prueba de la etapa de Precipitación de hierro.

SERVICIOS ESPECIALIZADOS PEÑOLES S.A. DE .C.V.
CENTRO DE INVESTIGACION Y DESARROLLO TECNOLOGICO
DEPARTAMENTO DE PROCESOS METALURGICOS

Fecha :

Prueba No. PptFe- Realizó: JCh

1 OBJETIVO. Determinar precipitar el hierro de la solución de lixiviación, minimizando la pérdida de cobre.
Determinar el consumo de lechada requerida para precipitar el hierro como Jarosita.

2 CONDICIONES EXPERIMENTALES.

SoluciónLDCp= ________ L
[Lechada] $CaCO_3$= ________ g/L
Temperatura de prueba= ________ °C
Tiempo de reacción= ________ h
Agitación= ________ RPM
[Fe] inicial= ________ g/L
[Cu]inicial= ________ g/L
[H+] inicial ________ g/L

111.68 34 178 36

$$2Fe^{2+} + H_2O_2 + 4\ OH^- = 2FeOOH + 2H_2O.$$

98 100.08

$$H_2SO_4 + CaCO_3 = 2H_2O + CaSO_4$$

Arreglo del reactor

3 EQUIPO EXPERIMENTAL
3.1 Equipo de agitación
3.2 Cronómetro
3.3 Material de vidrio (vasos de pp, probeta,etc..)
3.4 pHmetro.
3.5 Impelentes
3.6 Adquisidor de datos

4 PROCEDIMIENTO EXPERIMENTAL

ETAPA 1
4.0 Colocarse el EPP adecuado.
4.1 Colocar en el vaso de precipitado el volumen de solución de lixiviación indicada e iniciar agitación a 333 RPM.
4.2 Preparar lechada a la concentración indicada y mantenerla en agitación constante.
4.3 Registrar pH, temperatura, tiempo y potencial ORP de la solución inicial, suspensión final y durante cada adición de lechada y/o agua oxigenada.
4.4 Iniciar la adición de lechada con una pipeta. **(ADICIÓN LENTA GOTA POR GOTA EN DIFERENTES VORTICES)**
4.5 Registrar el volumen de lechada añadido y dejar reaccionar durante 5 min.
4.6 Continuar con la operación del paso 4.5, hasta alcanzar pH de 2.0

ETAPA 2
4.7 Añadir semilla de goethita (registrarlo), en caso de no tener semilla, se deberá continuar con el siguiente paso.
4.8 Añadir agua oxigenada (registrarlo) hasta alcanzar un potencial de 0.57 V con electrodo de Ag/AgCl o 0.526V con electrodo de $Hg/HgSO_4$
4.9 Mantener el ORP en los valores anteriores añadiendo agua oxigenada mientras se adiciona lechada para mantener el pH 2.0

ETAPA 3
4.10 Después de 1 hora a pH 2.0 con un ORP en 0.57V (Ag/AgCl) se incrementará el pH lentamente hasta 2.5 con lechada, una vez estabilizado se deja reaccionar durante 2 h.
4.11 Se requieren las siguientes muestras para análisis:

Suspensión	Solución	Sólido
Muestra para DTP Hum	Muestra preparada para AQ	Muestra para Caracterización
	Muestra preparada testigo	Muestra para AQ
		Muestra testigo

4.12 Realizar los análisis físicos en la suspensión, líquido y sólido de la hoja de prueba.
4.13 Dejar el área limpia y ordenada.

MUESTRAS DURANTE LA PRUEBA

ETAPA 1	Sacar muestra inicial, muestra a pH 1, 1.2, 1.4, 1.6, 1.8, 2.0
ETAPA 2	Sacar muestra cada 15 min
ETAPA 3	Sacar muestra cada 15 min

Etapas del proceso de precipitación de Goethita

Apartado B.6 Hoja de prueba de la etapa de Precipitación de hierro (continuación).

5 RESULTADOS Inicio prueba ________ am

TIEMPO	Lechada	TEMP	pH	Conductividad	Agua Oxigenada	OBSERVACIONES
min	mL	°C		mV	mL	

OBSERVACIONES:

____

____

____

____

____

____

____

____

____

Muestra FINAL

pH suspensión __________

Volumen de la suspensión: __________ mL

Peso de la suspensión: __________ g

Densidad de la suspensión: __________ g/mL

Volumen solución final: __________ mL

Peso de la solución: __________ g

Densidad de solución: __________ g/mL

Agua de lavado __________ mL

Peso del agua de lavado __________ L

Concentración de sólidos: __________ g/L

Peso de residuo Hum: __________ g

Peso de residuo seco __________ g

Humedad de residuo: __________ %

Densidad del residuo: __________ g/mL

pH sln: __________

ANÁLISIS DATOS

Consumo de lechada= __________ g

Consumo de $CaCO_{3\,real}$= __________ g

Consumo de $CaCO_{3\,Esteq}$= __________ g

ANEXO C

Aparatado C.1. Técnicas de caracterización.

Microscopía Electrónica de Barrido

En la actualidad, existen más de 300 sistemas de mineralogía automatizada a nivel mundial, los cuales consisten casi exclusivamente de plataformas QEMSCAN y MLA. Ambos sistemas fueron desarrollados en Australia por el CSIRO (QEMSCAN) y por JKTech (MLA) y posteriormente comercializados por FEI a partir del 2009. Adicionalmente, en los últimos 3 años han surgido otras opciones de mineralogía automatizada, por un lado tenemos el sistema MINERALOGIC comercializado por CARL ZEISS y el sistema TIMA cuyo desarrollador es TESCAN; sin embargo aún no se tiene muchas referencias de estos sistemas.

Un sistema de mineralogía automatizada consiste de 3 componentes principales (ver figura C.1). El primero es el sistema de adquisición de imágenes basado es un microscopio electrónico de barrido (MEB), el segundo consiste de un detector de rayos-X de energía dispersiva (EDS) que se puede expandir a más de un detector por sistema y el tercero es el software de control de los dos componentes anteriores, el cual consigue el procesamiento automático de la adquisición de las imágenes y la detección de rayos-X.

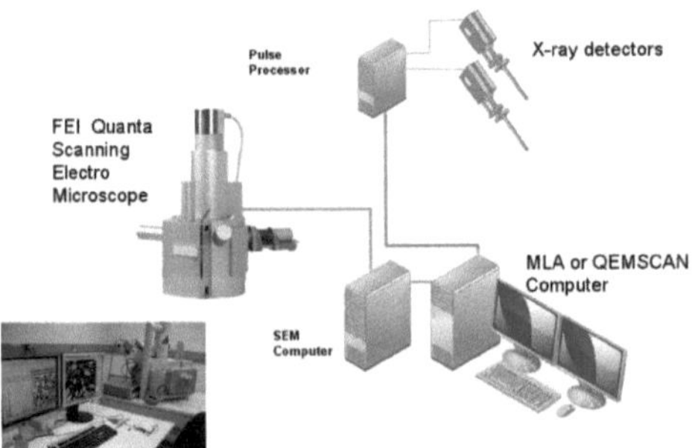

Figura C.1. Componentes principales de un sistema de mineralogía automatizada.

En el caso de nuestro laboratorio se cuenta con un sistema de mineralogía automatizada basado en un microscopio electrónico de la marca FEI (modelo Quanta600), el cual cuenta con 2 detectores de rayos-X-EDS de la marca EDAX modelo ApoloX y el software de automatización consiste de una plataforma MLA versión 3.1.

El sistema de automatización MLA (Mineral Liberation Analyzer) fue presentado en 1997 como una herramienta exclusiva que combina el análisis de imágenes de electrones retrodispersados (BSE) y la identificación de minerales mediante rayos-X generando datos de liberación cuantitativos. El análisis se realiza típicamente en secciones de 30 mm de diámetro. El mineral con tamaños de entre 5 □m y 3 mm se mezcla con resina epóxica para generar un bloque rígido, el cual es desbastado y pulido para exponer una sección transversal de las partículas. Finalmente, el bloque se recubre con carbón previo a su análisis en el MEB.

De forma general la técnica de MLA funciona de acuerdo a las siguientes etapas:

a) Adquisición de imágenes BSE.
b) Segmentación de partículas.
c) Adquisición de rayos-X.
d) Clasificación de espectros de rayos-X
e) Procesamiento de imágenes

a) Adquisición de imágenes BSE

Una imagen de electrones retrodispersados (Back Scattered Electron o BSE) se forma por las dispersiones elásticas de las interacciones de los electrones del haz incidente con el núcleo de los átomos que conforman la muestra y en nuestro caso con los elementos que componen el mineral del bloque o sección pulida. De esta manera, las imágenes de BSE están fuertemente relacionadas al número atómico promedio (average atomic number AAN) de los minerales presentes en nuestra muestra. El AAN determinará el número de electrones emitidos por el mineral y por lo tanto estará directamente asociado al nivel de gris final en la imagen de BSE. En la figura C.2 se muestra la relación entre el AAN y una imagen de BSE para algunos minerales típicos.

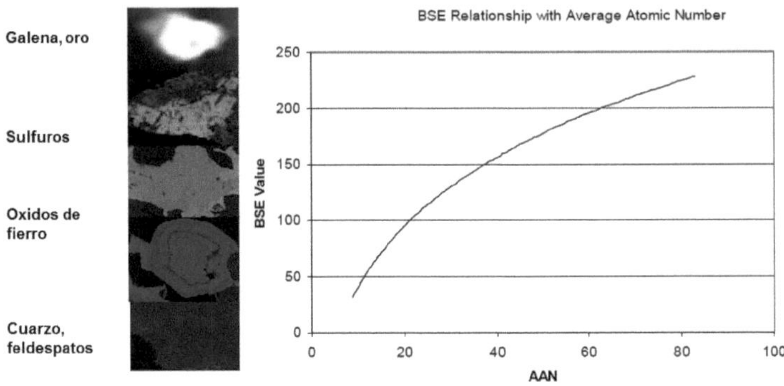

Figura C.2. Efecto de número atómico promedio (AAN) en una imagen de electrones retrodispersados (BSE).

b) Segmentación de partículas

Una vez que cada partícula ha sido identificada en la imagen BSE, lo siguiente es definir cada fase o grano que integra la partícula y definir sus límites adecuadamente. Este proceso se le conoce como segmentación y se aplica para cada partícula individual. La función de segmentación delimita todas las regiones de un nivel de gris continuo y homogéneo dentro de cada partícula. Esta etapa también involucra el reconocimiento y eliminación de características de las partículas que no representan una fase independiente como pueden ser: grietas, poros, sombras o el perímetro oscuro que aparece alrededor de las partículas. Algunos ejemplos de segmentación de partículas se muestran en la figura C.3.

De manera ideal cada mineral en una muestra tendrá un valor de gris característico o valor de BSE. Entonces cada valor de gris sería equivalente a un mineral específico. Sin embargo existen casos de minerales con el mismo o similar AAN, como es el caso de la calcopirita y la pentlandita cuyo valor es de 23.5; en estos casos la identificación se realiza necesariamente con sus respectivos espectros de rayos-X característicos.

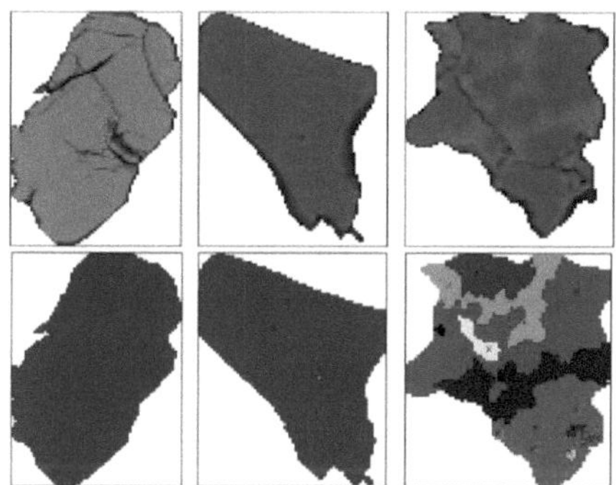

Figura C.3. Imágenes BSE de algunas partículas y su correspondiente segmentación.

c) Adquisición de rayos-X.

El sistema MLA utiliza tres técnicas para realizar la adquisición de espectros de rayos-X: puntual, por área o por mapeo.

Análisis puntual. Los espectros de rayos-X son adquiridos para cada segmento delineado en una partícula. El espectro es colectado en el centro del segmento con el fin de evitar empalmes con los bordes del resto de las fases y por lo tanto generar el espectro lo más limpio posible (figura C.4).

Análisis por área. Los espectros son colectados haciendo un barrido del haz sobre el área de cada segmento. El perímetro de cada fase no es escaneado para evitar la adquisición de espectros de fases mezcladas. El análisis por área poder ser útil cuando existen minerales con valores de BSE similares ya que el contraste entre ambas fases puede ser pobre y por lo tanto la segmentación no sería la adecuada, lo cual podría resultar en un espectro proveniente de una u otra fase si se utiliza el análisis puntual. El análisis por área detecta si dos o más fases están presentes a través de un espectro mezclado de las diferentes fases. Para resolver los límites de cada fase en particular se puede utilizar el análisis por mapeo.

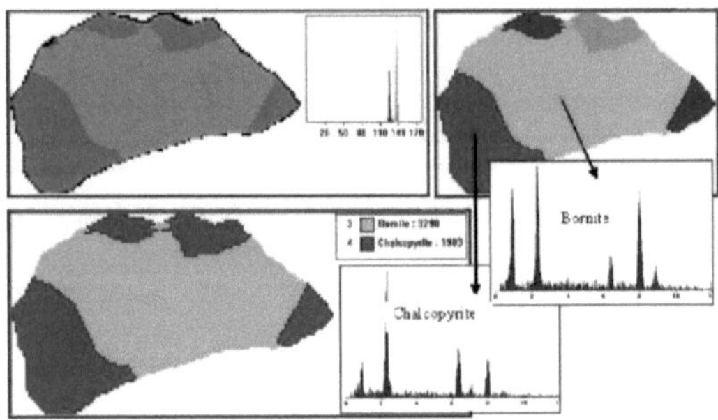

Figura C.4. Adquisición de espectros de rayos-x por análisis puntual.

Análisis por mapeo. Este análisis crea una rejilla sobre cada partícula o grano en partícula y colecta un espectro de rayos-X sobre cada punto en la rejilla. En la figura C.5. se presenta un ejemplo de mapeo para identificar dos minerales (calcopirita y pentlandita) mediante el análisis por mapeo. Este análisis implica mayores tiempos de medición respecto al análisis puntual debido a la gran cantidad de espectros colectados.

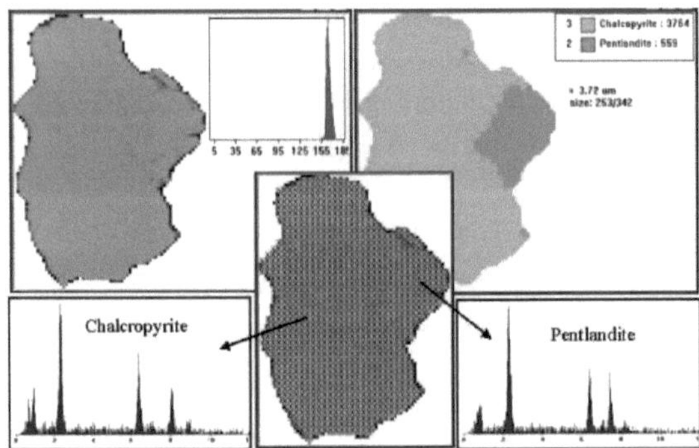

Figura C.5. Adquisición de espectros de rayos-x por análisis de mapeo.

d) Clasificación espectros de rayos-X

Una vez que el sistema adquirió los espectros de rayos-X de cada partícula, el siguiente paso es asignar un mineral a cada uno. El sistema no lo hace por sí sólo, sino que requiere una librería de estándares. Dicha lista de minerales estándar es generada de forma manual por el usuario ya se antes o después de alguna medición y la cual involucra colectar espectros de rayos-X de buena calidad para cada mineral en particular. Los espectros de rayos-X incluidos en la lista estándar deben ser adquiridos a las mismas condiciones de operación que las mediciones (voltaje, corriente de emisión, etc.) para evitar desviaciones durante la clasificación de los minerales. La lista de minerales se obtiene a través de la aplicación del software de MLA "Mineral Reference Editor".

Entonces, el proceso de clasificación consiste en hacer una comparación entre la lista de minerales estándar y los espectros de rayos-X adquiridos por el sistema en una muestra en particular para determinar los minerales que componen la misma.

e) Procesamiento de las imágenes

Una vez que se tiene identificados los minerales que componen la muestra, es necesario realizar una revisión de las partículas en busca de optimizar algunas características de interés como son: el grado de aglomeración, porcentaje de minerales desconocidos, minerales clasificados incorrectamente, etc. Lo anterior, se realiza mediante la edición de las imágenes de las partículas con la ayuda de la aplicación "MLA Image Processing".

La siguiente tabla muestra un resultado de un análisis modal empleando el software GXMAP. Se puede observar la asociación de compuestos en el concentrado de calcopirita de Velardeña.

Velardeña - Minicial							
Combinado	Gln	Esf	Ccp	Tetra	Pi①	Freib	Gn
Libre	**9.59**	**29.81**	**57.73**	**40.16**	**37.58**	**33.85**	**27.57**
Bin-Galena		8.50	16.35	13.58	12.38	0.00	3.64
Bin-Esfalerita	3.08		6.43	0.00	0.30	0.00	4.60
Bin-Calcopirita	42.20	34.69		9.76	18.69	13.98	29.25
Bin-Tetraedrita	0.02	0.00	0.00		0.00	0.00	0.00
Bin-Pirita	2.62	0.53	3.53	0.00		7.10	0.32
Bin-Freibergita	0.00	0.00	0.00	10.78	0.00		0.00
Bin-gangas	0.71	2.67	3.24	0.00	0.30	0.00	
Ternarios	41.78	23.80	12.72	25.72	30.75	45.06	34.62
Total	**100.00**	**100.00**	**100.00**	**100.00**	**100.00**	**100.00**	**100.00**

① Pi - incluye pirrotita

Difracción de Rayos X

La difracción de rayos X es una herramienta para la investigación de la estructura fina de la materia. Esta técnica tuvo sus inicios con el descubrimiento en 1912 de Von Laue que los cristales difractan rayos X, la manera en que la difracción revela la estructura del cristal. La técnica se basa en la interacción de la radiación X con la capa electrónica que rodea a los núcleos de los átomos, produciendo un patrón de difracción característico del ordenamiento cristalino, el cual es función de las distancias interplanares que conforman la red. En materiales policristalinos, la difracción de rayos X proporciona información de las fases cristalinas presentes, del tamaño promedio de los cristales y de la textura cristalográfica.

El equipo marca Panalytical Modelo Empyrean fue el empleado para realizar la difracción de rayos X con dispositivos tecnológicos para realizar difracción programada de hasta 60 muestras en consecutivo. Cuenta con un dispositivo de calentamiento de hasta 1100 °C para verificar transformación de fases en la muestra a diferentes temperaturas. Además de la técnica de haz rasante de luz para determinar compuestos de películas delgadas, presenta la opción para realizar difracción de muestras líquidas.

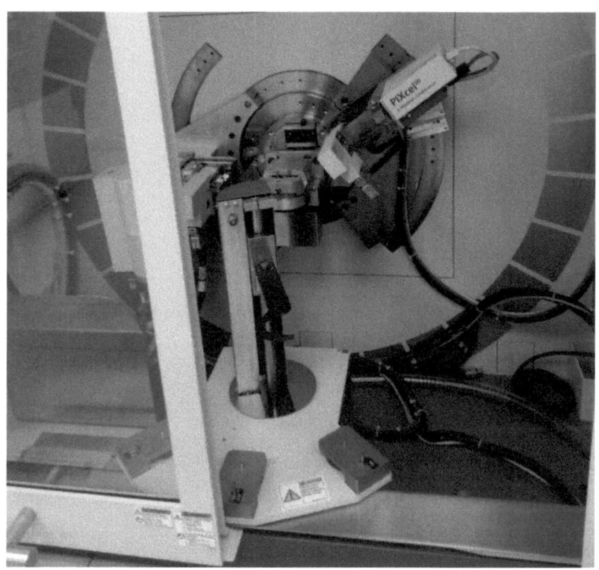

Figura C.1. Imagen del equipo de difracción de rayos X.

Generalmente, los resultados obtenidos pueden precisar hasta una concentración el peso del 5%, sin embargo dependiendo de la velocidad de barrido en la muestra y la cristalinidad del compuesto puede llegar a detectarse hasta un 3 %.

Reconstrucción Mineralógica / Software Termodinámico

La reconstrucción mineralógica se realiza con los resultados obtenidos de fluorescencia o análisis químico y los compuestos detectados por difracción de rayos X. Se emplea el software HSC 8.0 en el módulo Species Converter, que permite determinar el porcentaje en peso de los compuestos detectados por difracción de rayos X al indicar la concentración de los elementos en la muestra.

En la siguiente imagen se muestra un ejemplo de una reconstrucción mineralógica de un residuo de lixiviación en el módulo Species Converter del software HSC 8.0.

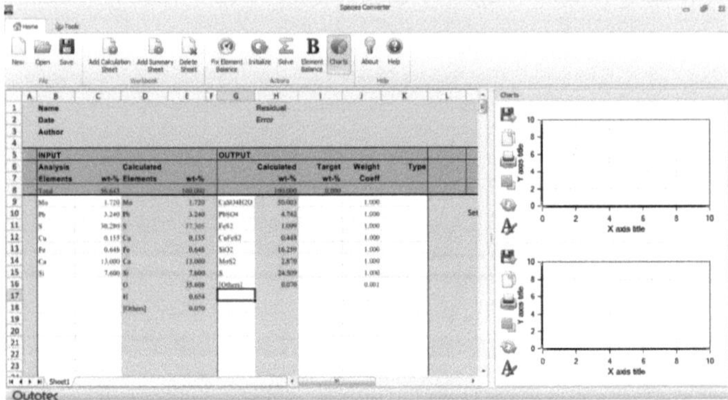

Figura C.6. Ventana del programa HSC en el módulo Species Converter para la reconstrucción mineralógica.

ANEXO D

Apartado D.1.- Difractogramas.

1.- Concentrado de cobre de calcopirita Velardeña

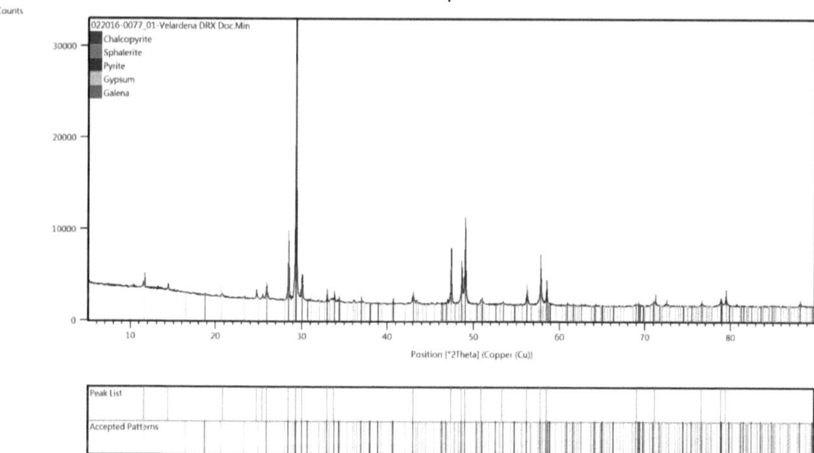

2.- Residuo de lixiviación con plumbojarosita

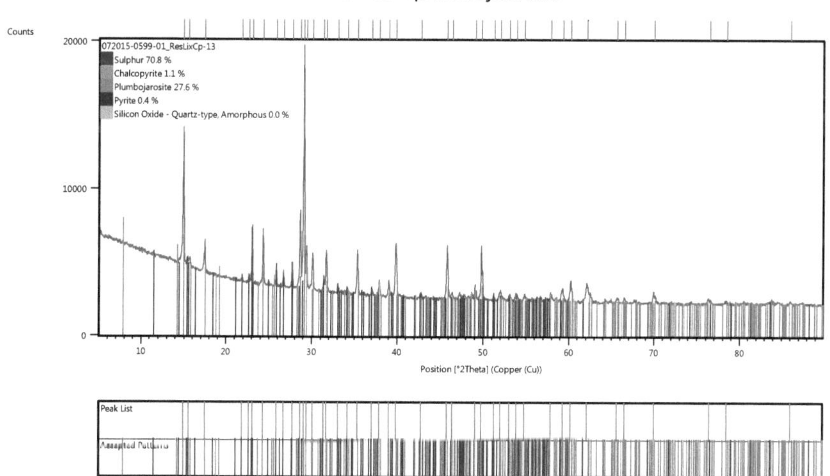

3.- Residuo de lixiviación

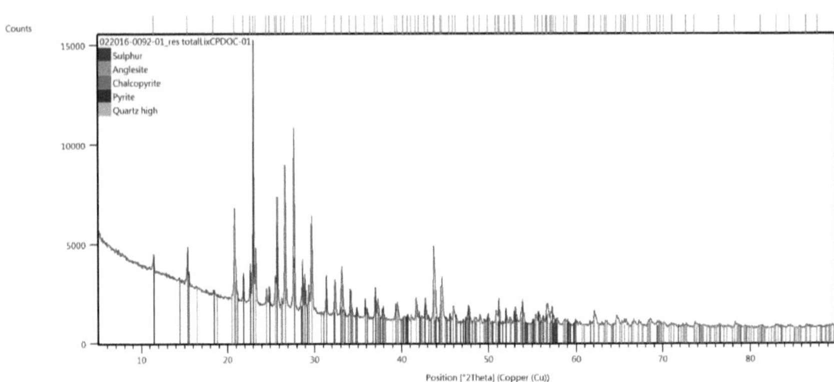

4.- Concentrado plomo-valores

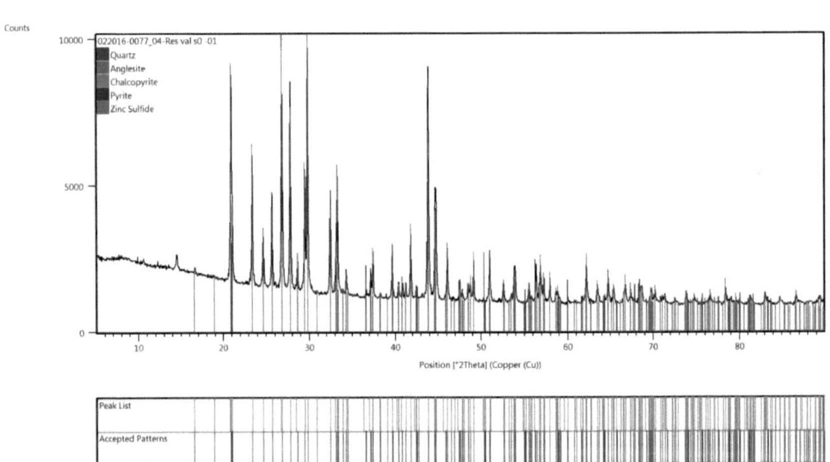

5.- Azufre elemental

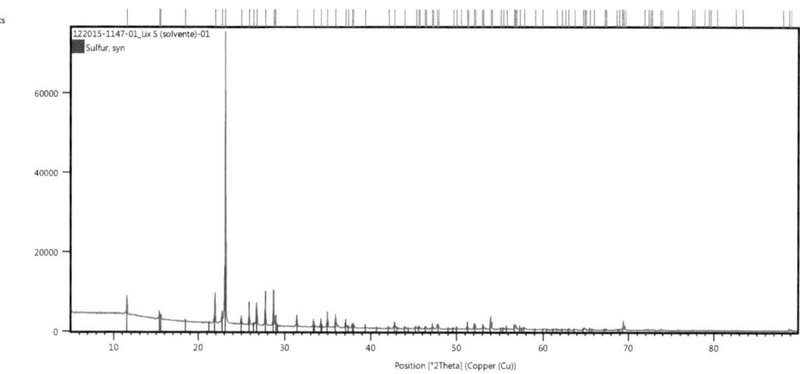

6.- Residuo férrico (pruebas con sulfato de Sodio)

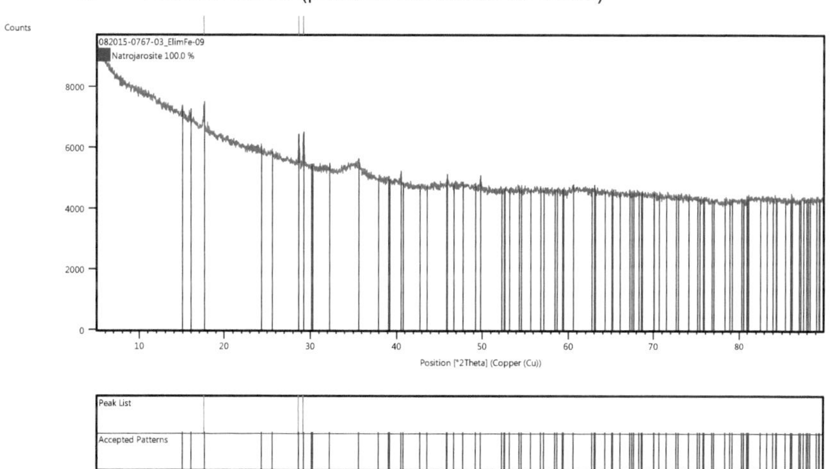

7.- Residuo férrico (pruebas con Hidróxido de Calcio)

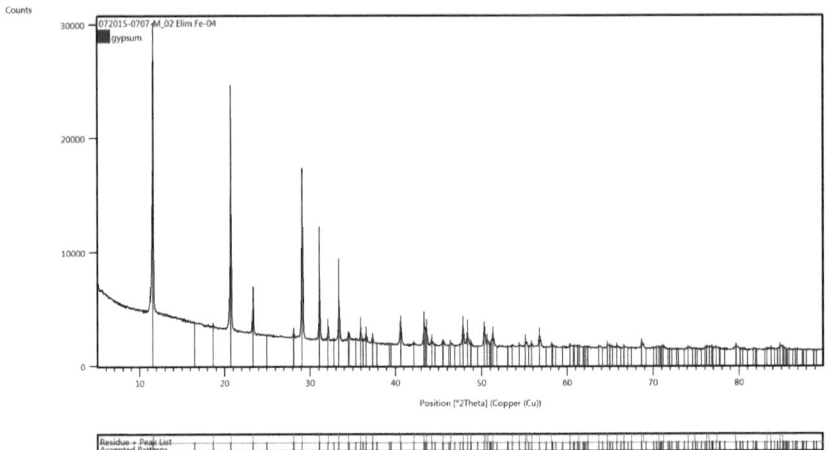

CRONOGRAMA DE ACTIVIDADES

TITULO: **"Estudio Termodinámico y Cinético para recuperación de oro, plata y cobre de minerales sulfurosos.**

OBJETIVO: Extraer oro, palta y cobre por medio de lixiviación directa de los concentrados naturales de cobre.

RESPONSABLE: Josué Carlo Cháidez Félix

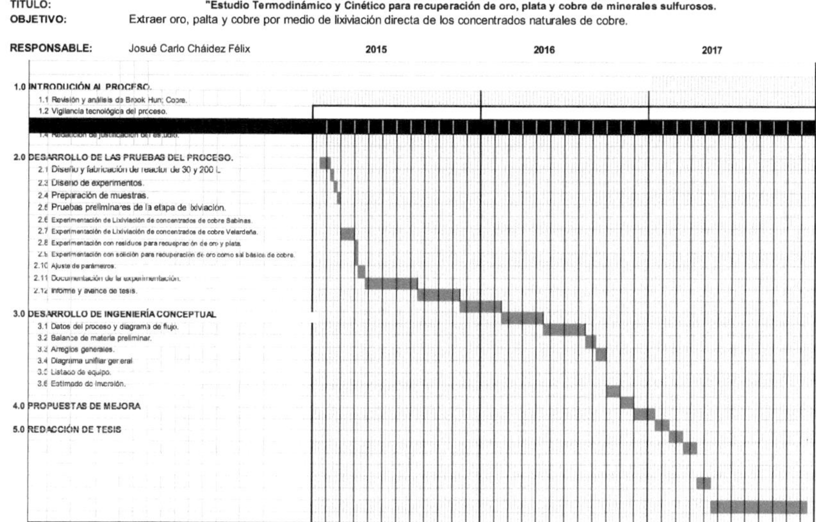

ASISTENCIA Y ACTIVIDADES

1. Con el fin de fortalecer el estudio desarrollado en el posgrado, se ha redactado un artículo científico, propuesto para su publicación en la revista Hydrometallurgy. El artículo ya se encuentra corregido por un organismo internacional y fue enviado para su aceptación en la revista de Elsevier.
2. El próximo año se presentará artículo en el congreso internacional Hydroprocess 2018 que se llevará a cabo del 20 al 22 de junio del 2018 en Santiago, Chile.
3. Además se pretende participar en el congreso de Extraction 2018 con fecha del 26 al 29 de agosto en Ontario, Canadá.

Universidad de Guanajuato:
Departamento de Ingeniería en Minas, Metalurgia y Geología

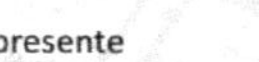

a través del
Cuerpo Académico de Metalurgia y Materiales y
Centro Universitario Vinculación con el Entorno A.C.

Otorga la presente

Constancia a:

Josué Carlo Cháidez Félix

Por su participación en el:

CONGRESO INTERNACIONAL EN METALURGIA EXTRACTIVA, MATERIALES Y MEDIO AMBIENTE

Celebrado del 01 al 06 de mayo de 2016, en la ciudad de Guanajuato, Gto.

Lic. María Teresa González Téllez
Coordinador General del Centro Universitario
Vinculación con el Entorno, A.C.

Enrique Elorza Rodríguez
Dr. Enrique Elorza Rodríguez
Presidente del Comité Organizador
Del XXV CIME

SEP
SECRETARÍA DE EDUCACIÓN PÚBLICA

TECNOLÓGICO NACIONAL DE MÉXICO
INSTITUTO TECNOLÓGICO DE LA LAGUNA

Otorga el presente

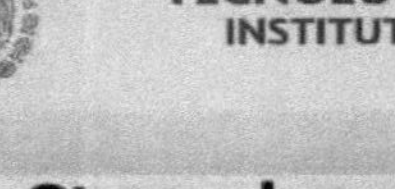

RECONOCIMIENTO

A: M.C. Josue Carlo Chaidez Félix

Por su excelente participación en el Foro Académico Regional de Ingeniería Química 2016 los días 27 y 28 de Octubre de 2016.

Torreón, Coah. Octubre del 2016

Ing. Ana María Flores Romero
Jefa del Departamento de Ingeniería Química-Bioquímica

4. Asistencia a II **SEMINARIO TÉCNICO DE EXTRACCIÓN POR SOLVENTES - CYTEC SOLVAY GROUP**, realizado en Cananea Sonora, del 7-9 de septiembre. Además se asistió al curso técnico de extracción por solventes programado antes del seminario.

SOLVAY
asking more from chemistry®

II SEMINARIO TÉCNICO DE EXTRACCIÓN POR SOLVENTES - CYTEC SOLVAY GROUP

HOTEL CITY EXPRESS, VIERNES 09 DE SEPTIEMBRE 2016, CANANEA, SONORA, MÉXICO

PROGRAMA DEL SEMINARIO - HIDROMETALURGIA - LIXIVIACIÓN - EXTRACCIÓN POR SOLVENTES - ELECTRÓLISIS						
de:	a:	Viernes 09 de Septiembre, 2016				
08:30	09:00	REGISTRO GENERAL				
09:00	09:30	Inauguración	Enrique Villegas - Gerente Ventas - MEP México Brent Hutzler - Gerente Ventas Regional - MEP Norteamérica Troy Bendarski - Gerente Técnico Regional - MEP Norteamérica Jose Carlos Durazo - Ventas/Servicio Ténico - MEP México			
09:30	10:00	Primera Plática	Tema:	Proceso de optimización de ciclo de máquina de desforradora de planta ESDE La Caridad	Expositor:	David Carrazco (Grupo México - Mexicana de Cobre)
10:00	10:30	Segunda Plática	Tema:	Optimización de Patios de Lixiviación	Expositor:	Alán Domínguez (Grupo Peñoles - Operación Milpillas)
10:30	11:00	Tercera Plática	Tema:	Proyecto "El Boleo"	Expositor:	Jose Pablo Echauri (Minera El Boleo)
11:00	11:30	COFFEE BREAK				
11:30	12:00	Cuarta Plática	Tema:	Sistema de alarmas personalizadas para monitoreo de Equipos Críticos de Planta ESDE La Caridad	Expositor:	Dámaris Denisse Parra (Grupo México - Mexicana de Cobre)
12:00	12:30	Quinta Plática	Tema:	Control de impurezas en Planta SX, Cuprosa	Expositor:	Lorena Álvarez (Cuprosa)
12:30	13:00	Sexta Plática	Tema:	Biolixiviación de Sulfuros de Cobre de mina La Caridad	Expositor:	Jessica Janeth Fernández - (Grupo México)
13:00	14:30	COMIDA Y FOTOGRAFÍA OFICIAL				
14:30	15:00	Séptima Plática	Tema:	Mejoras en LESDE Toquepala, Southern Perú	Expositor:	Ricardo Cornejo (Consultor Independiente)
15:00	15:30	Octava Plática	Tema:	Prueba Comercial - CB1000 en Planta ESDE III, Buenavista del Cobre	Expositor:	Kebin Beltrán (Buenavista del Cobre) / Jose C. Durazo (Solvay)
15:30	16:00	Novena Plática	Tema:	Efecto del reactivo del reactivo EW-50 en la depositación de Mn en ánodos de Pb-Ca-Sn	Expositor:	Jose Luis Amaya (Grupo México - Mexicana de Cobre)
16:00	16:30	COFFEE BREAK				
16:30	17:00	Décima Plática	Tema:	Reducción en Transferencia de Fe - Caso Toquepala	Expositor:	Juan Carlos Sánchez (Solvay - Perú)
17:00	17:30	Onceava Plática	Tema:	Implementación del proyecto "Intercambio de electrolitos" en plantas ESDEs, Cananea Sonora	Expositor:	Kebin Beltrán / Joshua Díaz (Grupo México - Buenavista del Cobre)
17:30	18:00	Doceava Plática	Tema:	Por Confirmar	Expositor:	Por Confirmar
18:00	18:30	Clausura	Enrique Villegas - Gerente Ventas - MEP México			
18:30 en adelante		EVENTO SOCIAL				

LA UNIVERSIDAD DE SONORA
ATRAVÉS DE LA
DIVISIÓN DE INGENIERÍA
Y EL DEPARTAMENTO DE
INGENIERÍA QUÍMICA Y METALURGIA

Otorgan la Presente

CONSTANCIA

A: **Cháidez Félix J., Almaguer Guzmán I., Benavides Pérez R. y Parga Torres J.R.**

Por su Ponencia

ESTUDIO CINÉTICO DE LA LIXIVIACIÓN DE COBRE DE CONCENTRADOS DE CALCOPIRITA

En el **XXVI** Congreso Internacional en Metalurgia Extractiva
"Avances en Metalurgia, Materiales y Medio Ambiente"
En Honor al Ing. Jorge H. Meza Viveros
Realizado del 26 al 28 de Abril del 2017 en Hermosillo, Sonora.

Dr. Jesús Leobardo Valenzuela García
Director de la División de Ingeniería

Dr. Martín Antonio Encinas Romero
Jefe de Depto. de Ingeniería Química y Metalurgia

Avalado ante el H. Consejo Divisional de Ingeniería, en sesion del 19 de Octubre de 2016, Acta 296

ciencias de la tierra, u.a.z.

Universidad Autónoma de Zacatecas
a través de
Unidad Académica de Ciencias de la Tierra y
Unidad Académica de Ingeniería I

Otorga el presente

Reconocimiento

a

J.C. Cháidez, J.R. Parga, F.R. Carrillo, I. Almaguer[4] y R. Benavides

Por presentar el trabajo intitulado:

"Remoción de hierro de una solución ácida de la etapa de lixiviación de cobre"

en el XXVII Congreso Internacional de Metalurgia Extractiva
"Avances en Metalurgia, Materiales y Medio Ambiente"
Celebrado en honor a: Dr. Alejandro Uribe Salas
del 23 al 27 de abril de 2018, en la ciudad de Zacatecas, Zac., México.

Dr. Antonio Guzmán Fernández
Rector de la Universidad Autónoma de Zacatecas

Dr. Juan Antonio González Anaya
Presidente del Comité Organizador XXVII CIME

June 20–22, 2018 · Santiago, Chile

Hydroprocess 2018

Organized by

COLORADO SCHOOL OF MINES

GECAMIN

THE PRESENT CERTIFICATE IS GRANTED TO:

JOSUÉ CHÁIDEZ

In acknowledgement of their participation in the
10th International Seminar on Process Hydrometallurgy, Hydroprocess 2018
presenting the work entitled:

Analysis of Chalcopyrite Low Pressure Leaching in a Gas-Solid-Liquid System

FREDDY AROCA
Hydroprocess 2018 Chair
Metallurgy Superintendent, Minera Antucoya,
Antofagasta Minerals, Chile

Carlos A. Barahona

CARLOS BARAHONA
Hydroprocess 2018 Executive Director
General Manager, Gecamin, Chile

EL TECNOLÓGICO NACIONAL DE MÉXICO
Y
EL INSTITUTO TECNOLÓGICO DE SALTILLO
OTORGAN EL PRESENTE

RECONOCIMIENTO

A

JOSUÉ CARLO CHÁIDEZ FÉLIX

POR SU VALIOSA PARTICIPACIÓN COMO **CONFERENCISTA** EN EL **"39 CONGRESO INTERNACIONAL DE METALURGIA Y MATERIALES"**, REALIZADO LOS DÍAS 7, 8 Y 9 DE NOVIEMBRE DEL 2018 EN EL AUDITORIO TECNOLÓGICO.

SALTILLO, COAHUILA, NOVIEMBRE DEL 2018

ING. ARNOLDO SOLIS COVARRUBIAS
DIRECTOR DEL INSTITUTO TECNOLÓGICO DE SALTILLO

ARTÍCULOS ENVIADOS

HYDROMETALLURGICAL PROCESS FOR COPPER, SILVER AND GOLD RECOVERY FROM CHALCOPYRITE CONCENTRATES: PART I. LEACHING STAGE.

J. Cháidez*[1], I. Almaguer[2], R. Benavides[2], J. R. Parga[3], M. Rodrígez[3], R. Carrillo[4] y J. Valenzuela[5]

(1) Servicios Especializados Peñoles S.A de C.V. Torreón, C.P. 27300 Coahuila, México,
Josue_chaidez@penoles.com.mx
(2) Servicios Administrativos Peñoles S.A de C.V. Torreón, C.P. 27300 Coahuila, México.
(3) Tecnológico Nacional de México, ITS, Saltillo, Coahuila, México.
(4) Universidad Autónoma de Coahuila, Monclova, Coahuila, México.
(4) Universidad de Sonora, UNISON, Hermosillo, Sonora, México.

ABSTRACT

The chalcopyrite is the most abundant source of copper in the world; pyrometallurgical processes treat almost the 80% of this compound, however in the last 20 years, the copper leaching processes in batch reactors have been increasing. This article presents the leaching stage of an innovative hydrometallurgical process, for copper extraction and lead, silver and gold collection in the residue from a chalcopyrite concentrate obtained by sulfide flotation. The experimental process was carried out in a 30 L batch reactor with a constant residence time of 7 h, oxygen pressure of 1 kg/cm^2, solid concentration of 100 g/L; varying the temperature, particle size and initial acid concentration, with a design of experiment Taguchi 3^3. The samples of the study were characterized by chemical analysis, X-ray diffraction, distribution of particle size and scanning electron microscopy with the mineral liberation analyzer system.

The mass balance shows a 98% of copper extraction from the chalcopyrite concentrate when 130 g/L of initial sulphuric acid concentration, temperature of 100 °C, oxygen pressure of 1 kg/cm^2, solid concentration of 100 g/L and particle size of -140 +200 Taylor mesh, were used. The activation energy was 61.93 kJ/mol; the best fit was obtained with a shrinking core model and solid product layer formation with chemical reaction control. The F-test demonstrate that the temperature has mayor influence on the copper extraction.

KEY WORDS: Chalcopyrite concentrate, kinetics of chalcopyrite leaching, oxidation leaching, low pressure leaching.

Highlights

- The difficulties to leach copper from chalcopyrite had been resolved.
- High temperatures and pressure is not necessary to leach copper from chalcopyrite concentrates; therefore, is not necessary to use an autoclave.
- A hydrometallurgical process with copper extraction up to 97%.
- The leaching process demands an interaction between the solid-liquid-gas phases.
- At this temperature, the elemental sulfur forms a porous layer with no effect in copper leaching.
- The acid concentration in solution leads the formation of jarosite.
- Temperature has the mayor influence in copper leaching from chalcopyrite.

1. Introduction

The chalcopyrite is the most abundant sulfide copper mineral in the earth crust. Generally, it is associated with other compounds as galena, sphalerite, pyrite, arsenic, antimony or bismuth sulfides; moreover, the bonded valuable metals are silver and gold.

The chalcopyrite is a refractory mineral that makes hard its treatment by hydrometallurgical methods. Nowadays, the pyrometallurgical processes treat almost the 80% of the chalcopyrite concentrates in the world (Bravo, 2006). This methodology emits dust, sulfur and carbon dioxide to the environment. Additionally, these projects require high investment because plant capacity above the 100,000 t/year of copper.

Under this environmental and economic perspective, the technological developments to obtain high grade copper are important. Today, companies like Beijing Nonferrous Metal, JX Nippon Mining & Metals, Freeport McMoran, Freeport Minerals, Phelps Dodge, Outotec, BHP Billiton, etc...; are investing in hydrometallurgical area because of its economic benefits (92).

The hydrometallurgical processes have a series of advantages against the pyrometallurgical:

- Plant capacity under the 10,000 t/y of copper.
- Do not need an acid plant.
- No dust emissions.
- Low temperatures and pressures.
- High copper, lead, silver and gold recoveries.

The hydrometallurgical pilot plant projects are the most developed in the world, followed by the demo plant installed. The leaching reactors have the most recent technological advances developed by the industry, the feeding of an oxidant catalyzer for the leaching of copper varying the temperature and pressure; is common. The table 1 shows a recompilation of the hydrometallurgical leaching copper processes, which are classified according to the media employed: sulfate, chloride, bromide, ammonium and nitrate (Taylor, 2014)

Most of the commercial plants utilize conditions with high temperature and pressure, with a sulfate media. Nevertheless, recent developments in Las Cruces had installed an atmospheric leaching copper from bulk copper concentrate with Outotec technology (C. Frias, 2015). This article presents the leaching stage of a whole process, focused to recovery copper and iron in the liquid phase and lead, silver and gold in the residue; from chalcopyrite concentrates using a batch reactor with low temperature and oxygen pressure, based on the thermodynamical-metallurgical fundaments.

Table 1. Hydrometallurgical processes for leaching copper (Taylor, 2014), (92).

LEACHING PROCESSES	NAME OF THE PROCESSES	COUNTRY/ COMPANY	STATUS	COPPER MINERAL	TEMPERATURE (°C)	PRESSURE (atm)	GRINDING	ACID	OXIDANT CATALIZER	PRODUCTION (t/year)
SULPHATES **Low Temperature and medium-low pressure**	Mount Gordon	Australia/ Aditya Birla	Commercial Plant	Chalcocite with pyrites	80-90	8	80% - 100μm	H_2SO_4 diluted	O_2, ions Fe^{3+}	50,000
	Activox	Botswana (Tati)/ Norilsk Process Technology	Pilot Plant	Nickel-copper concentrates	90-110	10-12	Ultrafine (5-10μm)	H_2SO_4 diluted	O_2, ions Fe^{3+}	12,000-16,000
	Las cruces	Spain/ First Quantum Minerals	Commercial Plant	Chalcopyrite	90	Atmospheric	10-15 μm	H_2SO_4 diluted	H^+, O_2 and Fe^{3+}	72,000
	Galvanox	Canada (Vancouver)/ UBC	Pilot Plant	Chalcopyrite or enargite with pyrite	80	Atmospheric	75 μm	H_2SO_4 diluted	O_2 o air, Pyrite or silver.	--
SULPHATES **Medium Temperature and medium low pressure**	Anglo American Corporation/ University of British Columbia (AAC/UBC)	South Africa (Johannesburg) /AAC-UBC	Pilot Plant	Chalcopyrite	150	10-12	80% - 10μm	H_2SO_4 diluted	O_2, Surfactants (grinding required)	--
	Freeport McMoRan	USA (Arizona) /Freeport McMoRan	Commercial Plant	Copper sulphides concentrates	160	13.6	98% - 15μm	H_2SO_4 diluted	Surfactants and O_2	65,200
SULPHATES **High Temperature and High Pressure**	Freeport McMoRan	USA (Arizona) /Freeport McMoRan	Semi-Commercial Plant (Now closed)	Chalcopyrite and molybdenite	225	32.5	Fine grinding	H_2SO_4 diluted	O_2	16,000
	Sepon Copper	Sepon/MMG	Commercial Plant	Chalcocite and clays	80	1	100 μm	H_2SO_4 diluted	Sulfuric acid ions Fe^{3+}	90,000
				Pyrite	230	30-32	80% - 50μm	H_2SO_4 diluted	O_2	
BIOLEACHING	BioCop	Chile (Chuquicamata) /Alliance copper (BHP Billiton y CODELCO)	Commercial Plant	Chalcopyrite and enargite	70-80	Atmospheric	37μm	H_2SO_4 diluted	O_2, thermophile extreme bacteria, ions Fe^{3+}	20,000
	BacTech-Mintek	México/Peñoles	Demo Plant	Chalcopyrite and copper sulphides	35-50	Atmospheric	10-20μm	H_2SO_4 diluted	Air, moderates thermophile bacteria ions Fe^{3+}	160

2. Thermodynamics.

The thermodynamic of copper sulfide leaching is based on the interaction of the required elements fed, to carry out the decomposition of chalcopyrite. The direct and indirect reactions that govern the copper concentrates leaching are given in the following chemical reactions:

$$CuFeS_2 + 2.5O_2 + H_2SO_4 = CuSO_4 + FeSO_4 + H_2O + S° \quad (2.1)$$

$$CuFeS_2 + 2Fe_2(SO_4)_3 = CuSO_4 + 5FeSO_4 + 2S° \quad (2.2)$$

$$4FeSO_4 + O_2 + 2H_2SO_4 = 2Fe_2(SO_4)_3 + 2H_2O \quad (2.3)$$

$$Cu_5FeS_4 + 7.5O_2 + 3H_2SO_4 = 5CuSO_4 + FeSO_4 + 3H_2O + S° \quad (2.4)$$

$$2PbS + 2H_2SO_4 + O_2 = 2PbSO_4 + 2S° + 2H_2O \quad (2.5)$$

$$2ZnS + 2H_2SO_4 + O_2 = 2ZnSO_4 + 2S^\circ + 2H_2O \quad (2.6)$$

$$FeS_2 + H_2SO_4 + 0.5O_2 = FeSO_4 + 2S^\circ + H_2O \quad (2.7)$$

$$FeS + H_2SO_4 + 0.5O_2 = FeSO_4 + S^\circ + H_2O \quad (2.8)$$

$$FeAsS + 1.5H_2SO_4 + O_2 = FeSO_4 + H_3AsO_{4\,(aq)} + 1.5S^\circ \quad (2.9)$$

$$PbCO_3 + H_2SO_4 = PbSO_4 + H_2O + CO_2 \quad (2.10)$$

Due to the gangue contained in some copper sulfide, concentrates the next reactions are enlisted below:

$$Ca_3Al_2Si_3O_{12} + 6H_2SO_4 = 3CaSO_4 + Al_2(SO_4)_3 + 3SiO_2 + 6H_2O \quad (2.11)$$

$$CaCO_3 + H_2SO_4 = CaSO_4 + H_2O + CO_2 \quad (2.12)$$

$$CaMgSi_2O_6 + 2H_2SO_4 = MgSO_4 + CaSO_4 + 2H_2O + 2SiO_2 \quad (2.13)$$

$$CaSiO_3 + H_2SO_4 = CaSO_4 + SiO_2 + H_2O \quad (2.14)$$

$$CaSiO_3 + H_2SO_4 + H_2O = CaSO_4 + H_4SiO_4 \quad (2.15)$$

$$Zn_2SiO_4 + 2\,H_2SO_4 = 2\,ZnSO_4 + H_4SiO_4 \quad (2.16)$$

$$H_4SiO_4 = SiO_{2(gel)} + H_2O \quad (2.17)$$

As can be seen, part of the silicates react with sulfuric acid to form silicic acid (H_4SiO_4), reactions 2.15-2.16; and then it decompose to silica gel and water, reaction 2.17, hindering the solid-liquid separation in a thickener or press filter (Sinclair, 2005).

The Pourbaix diagrams (Outotec, 2014) in the figure 1, show that to keep copper and iron in solution as sulfates is required low pH. In addition, to assure iron as ferric ions in the solution is necessary to increase the oxide potential above 0.57 V (Ag Vs AgCl). This permit to achieve the indirect leaching with the reaction 2.2, where the oxidation-reduction cycle of iron can facilitate the decomposition of chalcopyrite. The Pourbaix diagrams (figure 1) were calculated at 95 °C, [Cu] = 0.787 mol/L, [Fe] = 0.895 mol/L and [S] = 1 mol/L.

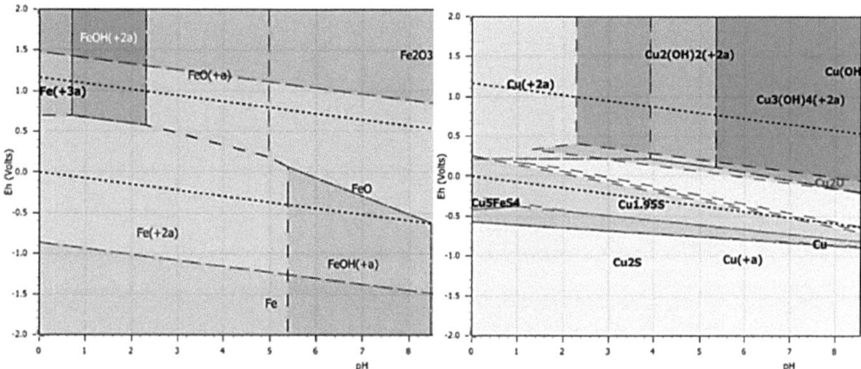

Figure 1. Cu-Fe Pourbaix diagrams (Outotec, 2014).

3. Material and Methods

3.1 Materials and equipment

The experiments were carried out in a stainless steel 316 L closed reactor, equipped with a agitation system with 2 impellers, 4 baffles, 1" John Crane mechanical seal, security valve calibrated in 2 kg/cm^2, rupture disc calibrated in 3 kg/cm^2, WIKA pressure transmitter model S-20 with chemical seal and a resistance temperature detector (RTD) connected to a data logger Graphtec. In addition, the reactor has a control cooling-heating jacket. The figure 2 shows an image of the reactor.

Figure 1. Chalcopyrite leaching batch reactor.

The chalcopyrite concentrate was supplied by Peñoles (Mexico), the sample was characterized by X ray diffraction (XRD, Panalytical, Empyrean model), chemical analysis (CA), analysis with the Mineral Liberation Analyzer (MLA, with the back scattered electron module) in the scanning electron microscope (SEM, FEI, Quanta600 model). Table 2 shows the mineralogical reconstruction with the XRD and CA tests; to obtain this results, was used the species converter module of HSC 8.0.6 software. Table 3 presents the CA of chalcopyrite concentrate.

Table 2. Mineralogical reconstruction of the chalcopyrite concentrate.

Compounds		Weight %
Chalcopyrite	$CuFeS_2$	70.7
Galena	PbS	7.8
Sphalerite	ZnS	9.3
Gypsum	$CaSO_4$	4.1
Pyrite	FeS_2	7.8

Table 3. Chemical analysis of the chalcopyrite concentrate.

Element	Ag g/T	Au g/T	Cu	Fe	As	Pb	Ca	Zn	Bi	K	Mg	Mo	Na	Al	S	Sb	Se	Si	Cd	C	CO_3
Wt. %	473	1.72	24.7	26	0.81	6.56	1.25	6.36	0	0.1	0.1	0.05	0	0.27	29.9	0.03	0.018	1.12	0.025	0.4	1.13

The MLA shows the weight percentage in a deeper range of the compounds contained in the copper concentrate. As can be shown in table 4, the results are similar with the XRD characterization.

The chalcopyrite concentrate was fractionated to different sizes in a rotap: -200, -140+200 and -100+140 Tyler mesh; in order to obtain the samples for the design of experiment. The particle size distribution of the residues were measured in a Horiba LA 950 V2, relating the results with the equivalent spherical diameter.

Table 4. BSE Analysis with the MLA software of the chalcopyrite concentrate.

Group	Mineral	Formula	Weight %
Sulfides	Galena	PbS	9.316
	Sphalerite	ZnS	11.091
	Chalcopyrite	$CuFeS_2$	68.656
	Tetrahedrite	$(Cu_{0.8}Fe_{0.1}Zn_{0.1})_{12}(Sb_{0.8}As_{0.2})_4S_{13}$	0.080
	Pyrite	FeS_2	2.264
	Pyrrhotite	FeS	2.006
	Arsenopyrite	$FeAsS$	1.276
Silver species	Native Ag	Ag	0.166
	Freibergite	$(Ag_{0.3}Cu_{0.6}Fe_{0.1})_{12}Sb_4S_{13}$	0.002
	Enargite	Cu_3AsS_4	0.011
Gangues and others oxides species	Andradite	$Ca_3Fe_2Al(SiO_4)_3$	0.417
	Apatite	$Ca_5(PO_4)_3(F, Cl, OH)$	0.004
	Augite	$(Ca,Mg,Fe)_2(Si,Al)2O_6$	0.279
	Biotite	$K(Mg, Fe)_3AlSi_3O_{10}(OH, F)_2$	0.093
	Calcite	$CaCO_3$	1.359
	Chlorite	$(Mg,Fe)_3(Si,Al)_4O_{10}(OH)_2 \cdot (Mg,Fe)_3(OH)_6$	0.104
	Quartz	SiO_2	0.485
	Diopside	$CaMgSi_2O_6$	0.236
	Grossularite	$Ca_3Al_2Si_3O_{12}$	0.364
	Moonstone	$(Ca_{0.6}Na_{0.4})Si_2AlO_8$	0.184
	Orthoclase	$K(AlSi_3O_8)$	0.489
	Ox_Fe	Fe_xO_y	0.145
	Titanita	$CaTiSiO_5$	0.020
	Others	-	0.951

3.2 *Experimental method*

In order to clarify the effect of particle size, temperature and initial sulfuric acid concentration on the copper extraction, a design of experiment Taguchi 3^3 was carried out. Additionally, a tenth test with a different temperature was included to calculate the activation energy. Nevertheless, 7 h residence time, oxygen pressure (1 kg/cm^2), solid concentration (100 g/L) and agitation velocity (550 RPM); were constants. Table 5 shows the design of experiment.

The experimental procedure initiate with the addition of hot water (80 °C) to the reactor and the agitation system at low revolutions; then the chalcopyrite concentrate is fed to the reactor, and finally the sulfuric acid. After the addition of these materials, a 2 min air purge is carried out, then the reactor is closed and pressured to 1 kg/cm^2 with medicinal oxygen, the agitation velocity is settled at 550 RPM and the data logger putted on record to start with the test.

In order to determine the kinetic of the copper leaching process, using a lateral valve of the reactor, 100 mL samples were taken at different times during the test.

Table 5. Design of experiment, Taguchi 3^3.

No. Test	Particle size (Mesh)	Initial acidity (g/L)	Temperature (°C)
P1	-200	100	80
P2	-200	130	90
P3	-200	155	100
P4	-140 +200	100	90
P5	-140 +200	130	100
P6	-140 +200	155	80
P7	-100 +140	100	100
P8	-100 +140	130	80
P9	-100 +140	155	90
P10	-100 +140	130	50

4. Results and discussion

4.1 *Statistical analysis*

In order to determine the influence of the variables studied in the design of the experiments respect to the percentage of copper extraction and oxygen consumption, the analysis of variance with the statistic test F-ratio was carried out using the software Minitab 15 in the module

ANOVA. The figure 2 shows the correlation between the variables with the percentage of copper extraction.

As can be observed, the temperature has the mayor effect in the process for copper leaching from chalcopyrite concentrate.

In a similar way, the variables were statistically evaluated for the oxygen consumption. The results are shown in the figure 3 and there can be observed that the temperature is the variable with a main effect on the oxygen consumption while the particle size and initial acid concentration have no clear influence.

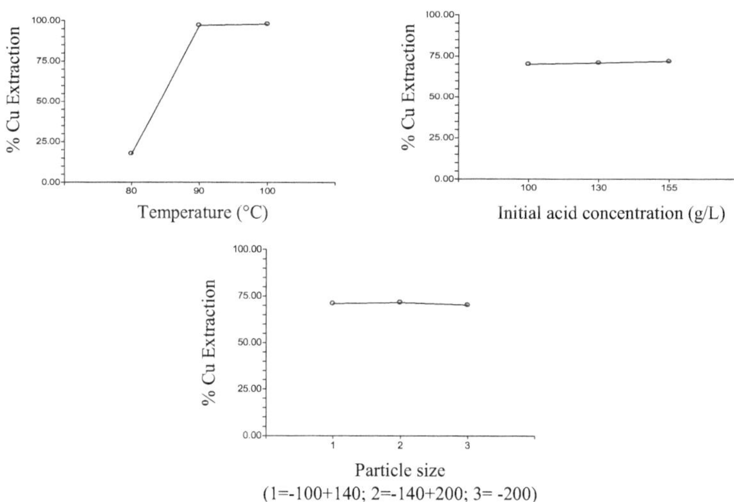

Figure 2. Correlations of temperature, initial acid concentration, particle size on the percentage of copper extraction.

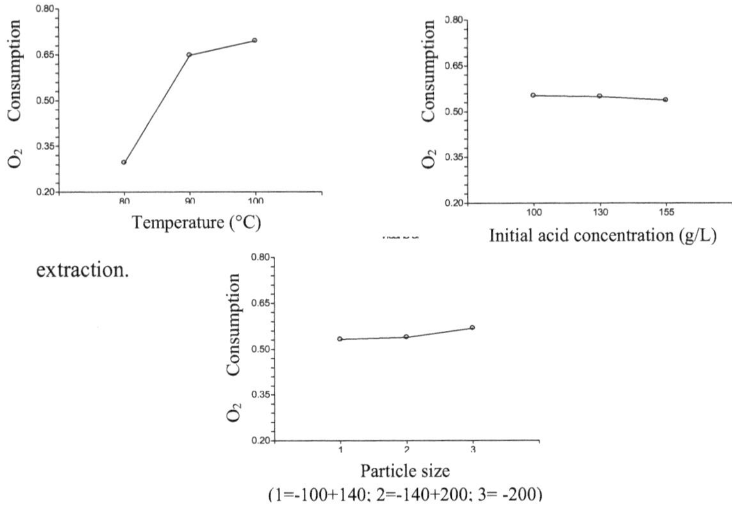

Figure 3. Correlations of temperature, initial acid concentration, particle size on the oxygen consumption.

4.2 Results and discussion

The results of the experimentation, shows that the main variables are: the temperature and initial sulfuric acid concentration; the particle size did not show significant effect. The results of copper extraction versus time are presented in the figure 4.

The no. 5 test present the best results in accordance with the mass balances. The copper extraction reached the 97.99 % in 3 h of reaction, the solid shrink was 61.8 wt.%, oxygen consumption of 0.662 g O_2/g Cu fed, density in final solution of 1.15 g/mL and a final oxidation-reduction potential (ORP) of 0.483V measured in the suspension with a calomel electrode (Hg/Hg_2Cl_2).

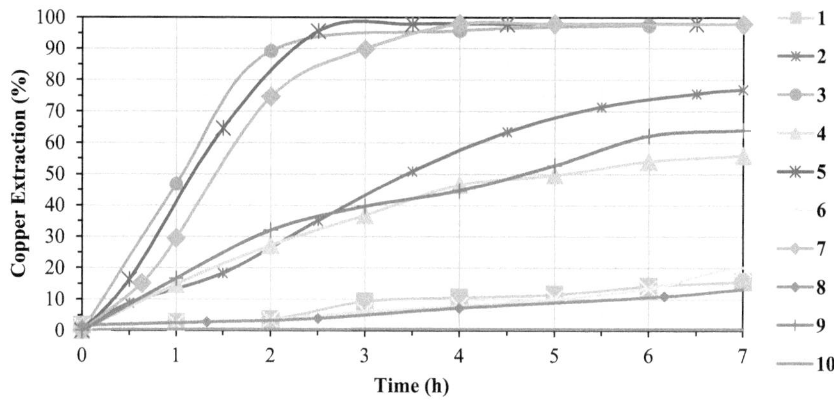

Figure 4. Copper extractio versus leaching time.

It is important to point out that different authors had reported copper extractions from chalcopyrite of the 70% (Aydogan, 2006), 65% (98), 60% (Adebayo, 2003), up to 95% (O'Brien, 1999), arbiter process 95%, Freeport McMoran 98%, Activox process 97-98 %, Albion Process 98%, Galvanox process up to 95% (Taylor, 2014).

Test no. 5 was carried out at 100 °C with the initial concentration of sulfuric acid of 130 g/L, enough to react with the species and to keep the iron in solution (not precipitation as a specie of jarosite). In table 6 is presented the CA of the residue and the solution along with the percentage of elemental distribution in the liquid phase obtained of the mass balance.

Table 6. Chemical analysis and percentage of elemental distribution.

Element	Residue	Solution	Distribution in liquid phase
	Wt. %	g/L	%
Ag g/T	1068	0.003	6.14
Au g/T	3.36	0.0	0.0
Cu	1.12	22.83	97.99
Fe	3.65	27.26	94.69
As	0.08	0.8	95.9
Pb	13.2	0.055	1.0
Zn	0.25	5.96	98.24
S°	56.2	0.0	0.0
Fe^{2+}	-	3.89	-
H_2SO_4	-	45.45	-

The leaching solution contains high percentage of zinc, copper and iron due to their solubility in this medium sulfate (temperature and acid concentration), the iron in the residue corresponds mainly to the pyrite that needs higher temperature and pressure to achieve its decomposition. The table 7 presents the species in the solid phase, it is composed by elemental sulfur (64.1 wt.%), anglesite (19.3%), silica (5%), pyrite (5.7%), unreacted chalcopyrite (3.23%) and Gypsum (2.3).

Table 7. Mineralogical reconstruction of the leaching residue.

Compounds		Wt. %
Chalcopyrite	$CuFeS_2$	3.23
Anglesite	$PbSO_4$	19.3
Gypsum	$CaSO_4$	2.3
Silica	SiO_2	5.0
Pyrite	FeS_2	5.7
Elemental sulfur	S_8	64.1

As a business case for the hydrometallurgical treatment of chalcopyrite concentrates, it is important to focus on the recovery of valuable metals in the residue; thus, the high content of elemental sulfur could reduce the profitability of a recovery valuable metals stage by cyanidation or melting process. Moreover, it is important to point out that approximately the 6% of the silver in the feed is leached.

The table 8 presents the final particle size distribution of the test No. 5. As it was expected, the particle size decrease considerably from 100% +74 μm to 90% -16.92 μm, due to the leaching of chalcopyrite particles and formation of elemental sulfur.

Table 8. Particle size distribution of the residue from the chalcopyrite leaching.

Particle size distribution		
D90%	D50%	D10%
16.92	11.00	6.99

The figure 5 shows the electron images obtained by SEM-BSE and identified by MEB-EDS of an unreacted chalcopyrite and galena with elemental sulfur porous layer surrounding the particles, corresponding to a shrinking core model with a formation of elemental sulfur product layer. As can be verified with the kinetic process of leaching chalcopyrite, the elemental sulfur does not passivate the chemical reactions of the chalcopyrite concentrate.

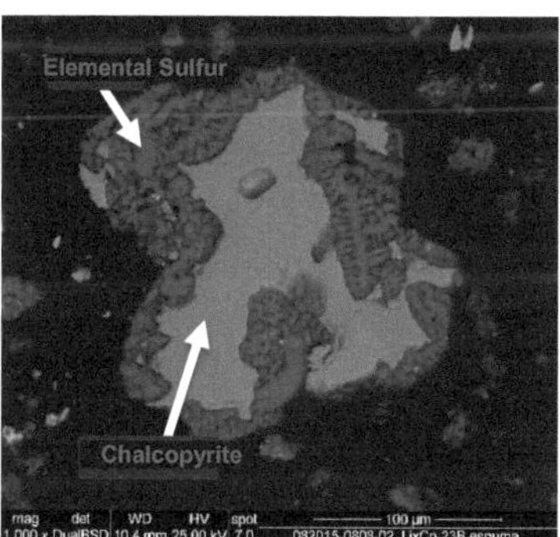

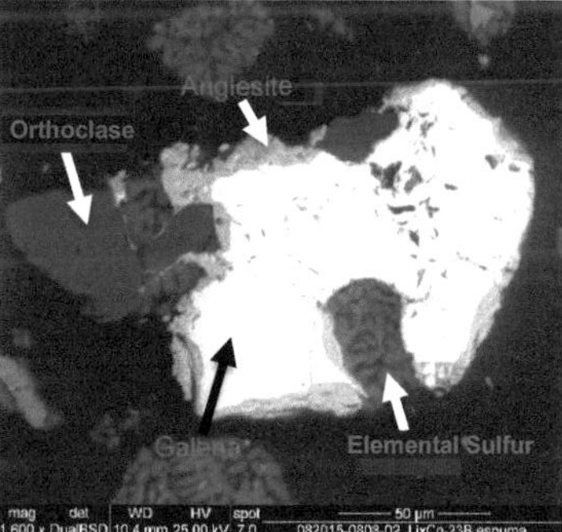

Figure 5. Punctual microanalysis by SEM-BSE-EDS in the leached residue of the test no. 5.

The concentration of copper and sulfuric acid in solution versus time are presented in figure 5. As it was expected, the sulfuric acid diminish its concentration due to its consumption, while the concentration of copper in the solution increase during leaching. Approximately, at 3 h of the test the chalcopyrite leaching reaches the equilibrium.

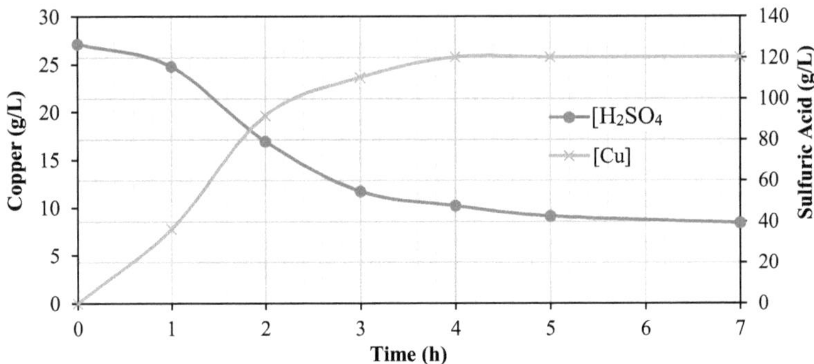

Figure 5. Concentration of copper and sulfuric acid in solution in the no. 5 test.

In the figure 6, the temperature profile in conjunction with the partial and accumulated oxygen consumption, can be determined that at 2 h of the test the reaction reach the maximum oxygen consumption point, which after this it starts to decrease.

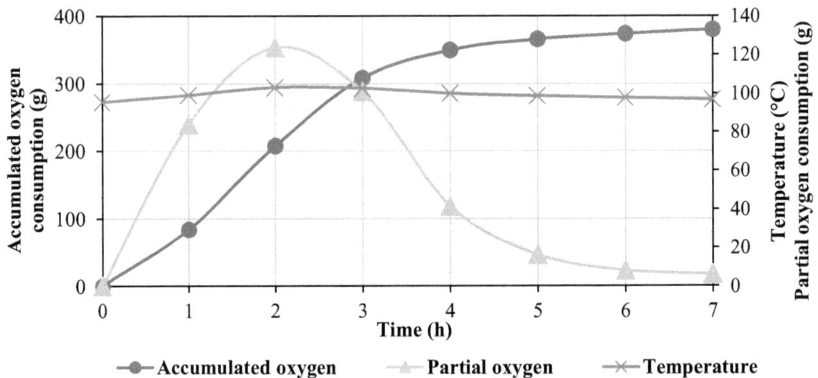

Figure 6. Partial and accumulative oxygen consumption with the temperature profile.

Something similar occurs with the iron concentration in solution, the ferrous iron reach a maximum concentration at the 2 h of the test, then it starts to go down. This could explain that the chalcopyrite leaching process has 2 steps.

The first at the initial 2 hours of the test, where the mayor chalcopyrite is decomposed when the temperature above 95 °C. The second step where the remained ferrous ions are oxidized to ferric. Depending of the next stages related with the liquid phase (iron purification or solvent extraction), is very important to consider high relation Fe^{3+}/Fe^{2+} in order to do not affect the process. In the figure 7, the concentration profile of iron and ferrous iron during leaching is shown.

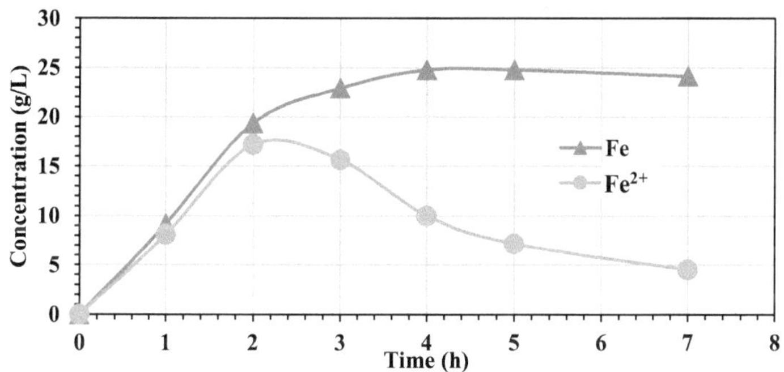

Figure 7. Concentration profile of iron and ferrous iron during leaching.

4.3 *Effect of temperature*

As can be observed in the figure 4, there are 3 groups of velocity of reaction leaded by the temperature, the first, at a temperature of 100 °C (3, 5 and 7 tests), where the 97 % of copper extraction is obtained in 3 h of the leaching time. The second group is composed by the 2, 4 and 9 tests, with a range of 55- 77% of copper extraction in 7 h. The last group at 80 °C (1, 6 and 8 tests), with a range of copper extraction of 10-20 % at the same time.

In order to point out the temperature required to activate the decomposition of the chalcopyrite concentrate, the figure 8 shows the copper extraction and temperature versus time. It is important to mention that this case appears in all the tests realized at 100 °C. As can be observed, it is necessary to reach 92-95 °C to decompose the chalcopyrite in the concentrate.

4.4 Effect of particle size

It was expected that in the groups formed with the different temperatures (figure 4), the reactions were faster with a small particle size; nevertheless, in the group at 100 °C, the +100-140 chalcopyrite concentrate reacts faster than the concentrate with -200 mesh. It could be possible that the reactions were slower because of the different velocity in heat transfer from the jacket to the suspension.

Thus, even when the chalcopyrite concentrate has a +100 -140 mesh, the kinetics of copper extraction is not affected, it is possible to obtain a similar extraction of copper.

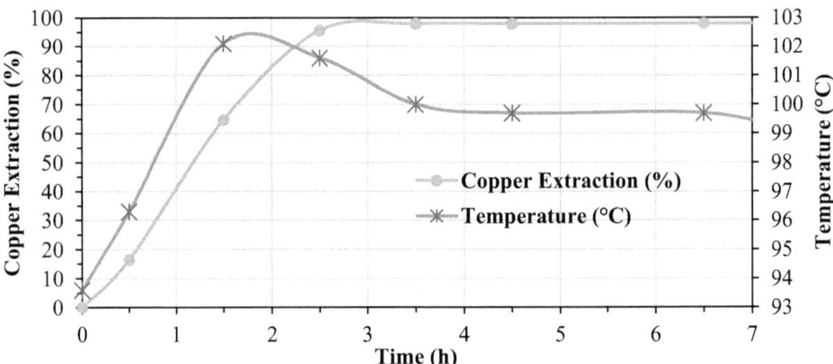

Figure 8. Concentration of copper and sulfuric acid in solution in the no. 5 test

4.5 Effect of Acidity

The initial sulfuric acid concentration in the suspension has to be calculated with the stoichiometry of the compounds that consume acid and the final acid concentration that is required to keep iron and copper in solution.

From other exploratory tests realized with the same copper concentrates at 100 °C under the same conditions, it is necessary to point out that the suspension needs unless 25 g/L of sulfuric acid in solution to avoid the precipitation of iron as plumbojarosite in the residue (reaction 2.16). Thus, previewing the problems caused in the recovery of valuable metals from the residue with elemental sulfur and plumbojarosite, the initial sulfuric acid concentration has an important effect on the economics of the business case.

$$3Fe_2(SO_4)_3 + 12H_2O + PbSO_4 = 2Pb_{0.5}Fe_3(SO_4)_2(OH)_6 + 6H_2SO_4 \quad (2.16)$$

The figure 9 shows the iron and acid concentration in solution, the percentage of plumbojarosite in residue and copper extraction against the time of an exploratory test. It is important to note that the initial acid concentration is 70 g/L and diminish to 10-15 g/L. At 25 g/L of sulfuric acid in solution, starts the precipitation of plumbojarosite in residue, showing a clearly decreased of iron in solution from 23.6 g/L to 15.8 g/L.

A comparison between the copper extractions with low and high acid in solution, shows that the passivation is promoted by the lack of acid in solution, which in turn produces a plumbojarosite layer on the chalcopyrite surface (see figure 10).

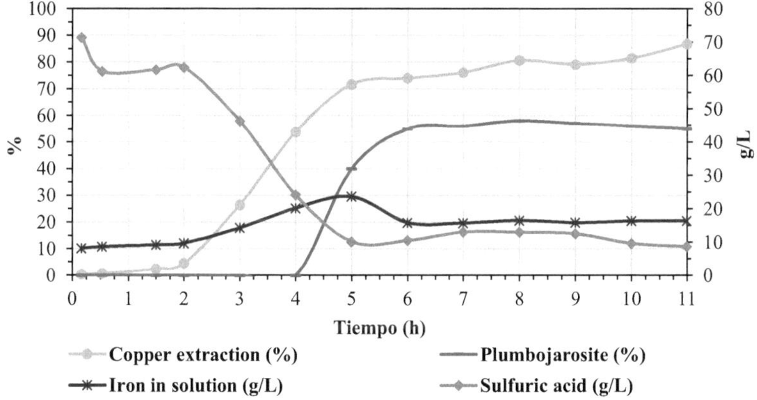

Figure 9. Results of an exploratory test with low acid in solution.

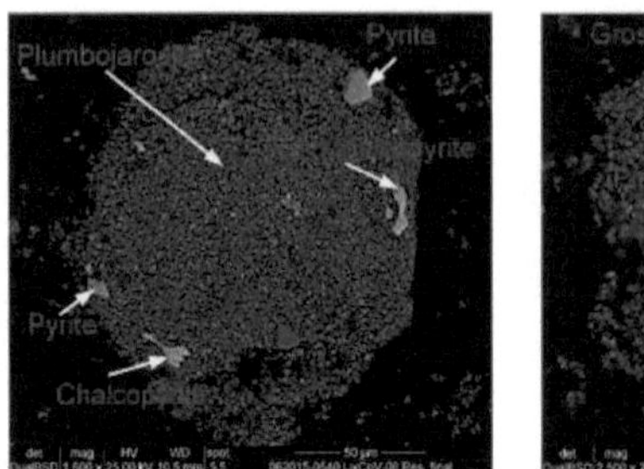

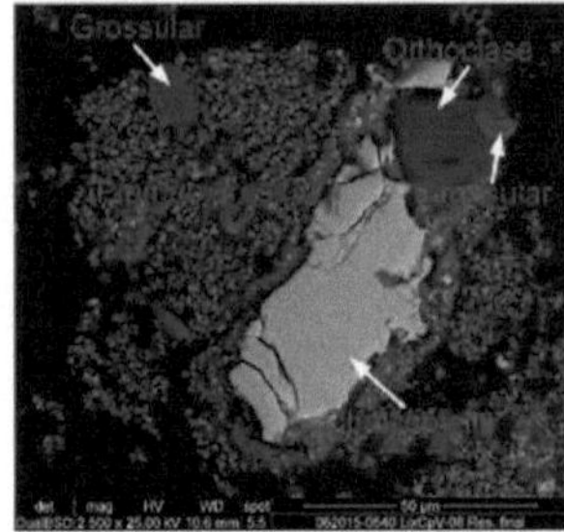

Figure 10. Precipitation of plumbojarosite with low acidity during leaching.

The mass balance demonstrate that the ratio of sulfuric acid consumed real:stoichiometric is given by the equation 2.17.

$$1.25 = \frac{g\ Real}{g\ Stoichiometric + g\ to\ [final\ acid] = 45\ g/L} \qquad (2.17)$$

4.6 Kinetics

For kinetics of this leaching process, it is important to know that theoretical equations were applied to real batch process with variations in the temperature control in the reactor, high metal concentration in solution, high solid concentration, where the interaction of the mass could affect the results.

Thus, a comparative between the linear regression of the stochastic, chemical reaction, mass transport and mixed models against time was carried out, the results show that the chemical reaction is the controlling stage for copper leaching from chalcopyrite concentrate.

The equation of chemical reaction as a controlling stage is shown in 2.18. In figure 11 are given the correlations for the 9 tests.

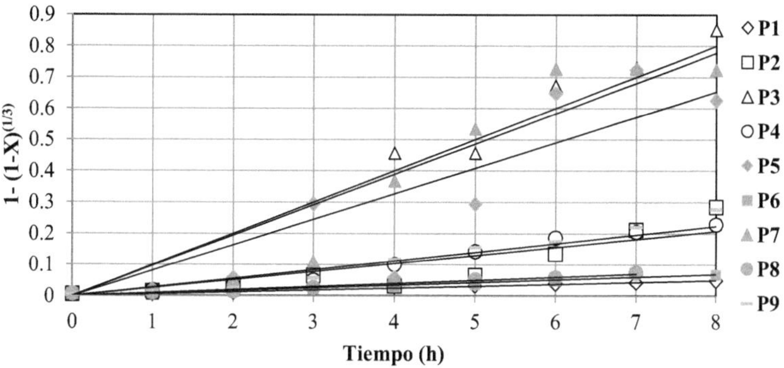

Figure 11. Linear regression of the chemical reaction model.

$$\mathrm{k\,t} = 1 - (1 - \mathrm{X})^{(1/3)} \qquad (2.18)$$

Where t is time and k is the apparent velocity constant.

The table 9 shows the apparent velocity constants (k) and the determination coefficient R^2 of the linear regression.

Moreover, in order to calculate the activation energy, logarithms was applied to the Arrhenius equation (Eq. 2.19), changing it form to a lineal equation. Thus, the logarithm of the apparent velocity constants against the inverse of the temperature of the test: P3, P8, P9 y P10 are shown in the figure 12.

$$\log k = \log A - \log \frac{E}{R}\left(\frac{1}{T}\right) \qquad (2.19)$$

Table 9. Results from the linear regression of the chemical reaction model in the 10 tests.

Test	Slope (k)	R^2
P1	0.006	0.973
P2	0.032	0.810
P3	0.120	0.938
P4	0.031	0.970
P5	0.096	0.806
P6	0.009	0.929
P7	0.112	0.919
P8	0.010	0.973
P9	0.035	0.968
P10	0.0001	0.835

Then, the activation energy of 61.93 kJ/mol was calculated with the slope of the straight line of the figure 12.

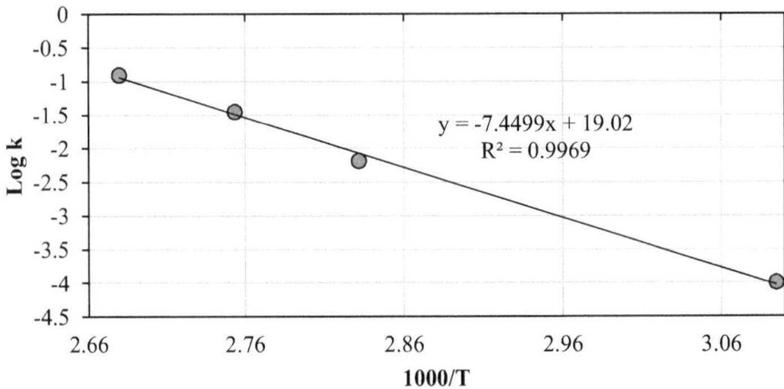

Figure 12. Logarithm of apparent velocity constant versus the inverse of the temperature.

5. Conclusions

The copper leaching stage of a process for the treatment of chalcopyrite concentrate was carried out in a 30 L batch reactor.

The experimental results with 130 g/L of initial sulfuric acid concentration, temperature of 100 °C, oxygen pressure of 1 kg/cm^2, solid concentration of 100 g/L and particle size of -140+200 Tyler mesh; show that is possible to reach the 97.99 % of copper extraction in 3 h. The residue is composed by S° (56 %), Pb (13.24 %), Fe (3.65 %), Cu (1.12 %), Ag (1.67 kg/t), Au (3.36 g/t), etc.; while the solution contains mainly: Cu (22.88 g/L), Fe (26.27 g/L), Zn (5.96 g/L), Silver (0.003 g/L) and H_2SO_4 (45.45 g/L).

It is necessary to reach the interaction between the gas (oxygen), solid (chalcopyrite concentrate) and liquid (acid-iron solution) phases in order to allow the direct and indirect leaching reactions.

The mass balance results demonstrate that the silver recovery is a range of 90-94% in the residue, this because of the solubility of silver in sulfate medium combined with the temperature (100°C).

The statistical analysis shows that the temperature is the most important variable influencing the extraction of copper and oxygen consumption. It is necessary to reach at least 92 °C (61.93 kJ/mol) to activate the decomposition of chalcopyrite.

Chemical reaction controls the leaching process, the elemental sulfur layer exposed over the unreacted particles of chalcopyrite, does not interfere with the mass transport or interaction between the phases.

The initial sulfuric acid concentration has to be considered as a main variable for a business case, since the excess of it could cause excessive neutralizing agent in a posterior stages and the lack of it could precipitate iron as plumbojarosite, causing problems in the recovery of valuable metals stage.

The particle size: -100+140, -140+200 and -200 mesh; has no significant effect on the copper leaching.

6. *References.*

Adebayo, A., Ipinmoroti, K., Ajayi, O.O., 2003. Dissolution kinetics of chalcopyrite with hydrogen peroxide in sulphuric acid medium. Chem. Biochem. Eng. Q. 17 (3) pp. 213–218.

Aydogan, S., Ucar, G., Canbazoglu, M., 2006. Dissolution kinetics of chalcopyrite in acidic potassium dichromate solution. Hydrometallurgy. 81 (1) pp. 45–51.

Ballester, A., Verdeja, L.F., Sancho, J., 2005. Metalurgia Extractiva, Procesos de obtención, Volumen II. Editorial Síntesis, España, 245-294.

Bravo, P., 2006. El panorama de la hidrometalurgia. Revista Minería Chilena, Editec S. A., 303.

Frias, C., Vera, E., Romero, A., Blanco, J., 2015. Flotation and Hydroprocessing of bulk concentrate from Las cruces Mine. Proceeding of Pb-Zn, pp. 549-560.

Habashi, F., 1978. Chalcopirite, its Chemestry and Metallurgy. Mc Graw-Hill, New York.

O'Brien, R.T., MacDonald, C.A., Meadows, N.E., 1999. Chloride–sulphate leaching from chalcopyrite ores from Sabah. ALTA Copper Sulphides Symposium and Copper Hydrometallurgy Forum (Gold Coast, QLD). ALTA Metallurgical Services.

Outotec, 2014. HSC Chemistry 8, Version 8.0.6.

SEPSA, 2015. Vigilancia tecnológica para el procesamiento de concentrados de cobre base calcopiritas, Consultores en Innovación OITEK.

Sinclair, R.J., 2005. The extractive metallurgy of zinc. The Australian Institute of Mining & Metallurgy, 13, pp. 58-60.

Taylor, A., 2014. ALTA Short Course - A-Z of Copper Ore Leaching. ALTA Metallurgical Services, pp. 1-328.

Xian, Y.J., Wen, S.M., Deng, J.S., Liu, J., Nie, Q., 2012. Leaching chalcopyrite with sodium chlorate in hydrochloric acid solution. Can. Metall. Q. 52 (2), pp. 133–140.

Physicochem. Probl. Miner. Process., xx, xx, xx-xx

http://www.journalssystem.com/ppmp

Physicochemical Problems of Mineral Processing

ISSN 1643-1049

Received date; reviewed; accepted date

REMOVAL AND RECOVERY OF ELEMENTAL SULFUR WITH LOW TEMPERATURE FROM A CHALCOPYRITE LEACHING RESIDUE

Josué Cháidez [1] *, José Parga [2], Jesús Valenzuela [3], Raúl Carrillo [4] and Isaías Almaguer [5]

[1] Servicios Especializados Peñoles S.A de C.V.; josue_chaidez@penoles.com.mx
[2] Instituto Tecnológico de Saltillo; jrparga@itsaltillo.edu.mx
[3] Universidad de Sonora; jvalen@iq.uson.mx
[4] Universidad Autónoma de Coahuila; raul.carrillo@uadec.edu.mx
[5] Servicios Administrativos Peñoles S.A. de C.V.; isaias_almaguer@penoles.com.mx

Corresponding author: josue_chaidez@penoles.com.mx (Josué Cháidez)

Abstract: Elemental sulfur residues produced by hydrometallurgical processes causes water pollution and disposal challenge. The removal and recovery of sulfur from the leaching residues decrease the reactivity and improve the profitable of the process due to the valuable metals recovery as silver, gold and lead. This article presents the elemental sulfur solubility equations in tetrachloroethylene, kerosene and petroleum naphtha; and the experimental results at low temperature of a two stages process that separate and recover the elemental sulfur from a chalcopyrite-leaching residue. The experimental tests of the extraction stage were carried out at laboratory, varying temperature, organic solvent and the ratio S°/L solvent; for the crystallization stage the parameters at 10 °C, 50 RPM during 1 h were constants. The samples were characterized by chemical analysis, X-ray diffraction and particle size distribution. The results showed that is possible to extract above 99 Wt. % of elemental sulfur at 50 °C from the residue using tetrachloroethylene as organic solvent rather than kerosene and petroleum naphtha. The parameters that maximize the extraction and minimize the volume of tetrachloroethylene were a concentration of 30 g S°/L, 50 °C and 45 min of residence time. The solids obtained were elemental sulfur above 99 Wt. % of purity and lead concentrate composed by gold 8.31 g/t, silver 2,798.5 g/t, lead 38.3 Wt. and less than 0.01 Wt. % of elemental sulfur. The lead concentrate can be treated to recovery the valuable metals, elemental sulfur can be commercialized and tetrachloroethylene is recycled in the process.

Keywords: *Sulfur waste, elemental sulfur removal, leaching residue, tetrachloroethylene.*

1. Introduction

The hydrometallurgical processes for the treatment of chalcopyrite concentrates have some environmental and economic advantages compared with the pyrometallurgical. Nevertheless, the chalcopyrite leaching produce elemental sulfur, which in aqueous environments results in acid generation and pH depression in water bodies.

The main leaching reactions for chalcopyrite concentrates are listed below, for low pressure (1 kg/cm^2), low temperature (100 °C) and sulfate medium.

$CuFeS_2 + 2.5O_2 + H_2SO_4 = CuSO_4 + FeSO_4 + H_2O + S°$ (1.1)

$CuFeS_2 + 2Fe_2(SO_4)_3 = 5FeSO_4 + CuSO_4 + 2S°$ (1.2)

$Cu_5FeS_4 + 7.5O_2 + 3H_2SO_4 = 5CuSO_4 + FeSO_4 + 3\ H_2O + S°$ (1.3)

$2PbS + 2H_2SO_4 + O_2 = 2PbSO_4 + 2S° + 2H_2O$ (1.4)

$2ZnS + 2H_2SO_4 + O_2 = 2ZnSO_4 + 2S° + 2H_2O$ (1.5)

$FeAsS + 1.5\ H_2SO_4 + O_2 = FeSO_4 + H_3AsO_{4\ (aq)} + 1.5S°$ (1.6)

As observed all the reactions produce elemental sulfur, some residues from hydrometallurgical operations contains more than the 50 Wt. % of elemental sulfur of the total mass. Sulfur is also a kind of preferred industry raw material with a great market potential, widely used in the production process of rubber, pharmacy, agriculture, cosmetic and food additive (Rappold and Lackner, 2010). Multiples studies for elemental sulfur removal have been developed in the last half century due to the environmental disposal advantages and to the economic improvement of the global process with the recovering of the valuable metals.

Peacey et al. (2004) indicate that wastes derived from copper concentrates are up to five times more voluminous than those of zinc per unit of metal produced. In terms of precious and platinum group metals (PGMs), Milbourne et al. (2003) argue that if leach conditions favor the production of elemental sulfur, it is highly desirable to produce a low mass, highly concentrated PGM residue as a product. The leach residue from partial sulfide oxidation leach processes could be subjected to flotation, assuming that the sulfur can be floated and that the PGMs are not removed with the sulfur. Nevertheless, he further suggests that the total oxidation of sulfides to sulfates (225 °C, 700 kPa O_2, 3400 kPa total pressure) is the best alternative for the subsequent capture of PGMs, although such a process has high operating costs in terms of oxygen consumption and maintenance requirements.

Olper et al. (2007) patent a method to remove elemental sulfur from a leaching residue originated from a lead concentrate, the process is carried out in the follow 3 steps:

1. Elemental sulfur is leached in a sodium sulfide (Na_2S) solution at 80 °C. The residue is free of elemental sulfur and the solution of polysulfide is separated by filtration.
2. The elemental sulfur precipitate from the polysulfide solution with the reaction with carbon dioxide. The residue is a sulfur cake and the solution is composed by bicarbonate and acid sodium polysulfide.
3. The solution of the previous step is regenerated to a sodium polysulfide solution by the reaction with lime (CaO). The solution is recycled to the step 1 and the solid phase can be used as a neutralizing agent since it is composed by limestone ($CaCO_3$).

Sherritt Zinc Pressure Leach Process employs an alternative for elemental sulfur removal from zinc concentrates. The residue originated from a high oxygen pressure leaching pass through a flotation system and the concentrate into an elemental sulfur melting cone at 145°C, finally the liquid elemental sulfur is separated in a filter. The process has been probed at commercial scale by Teck Resources, Falconbridge, Hudson Bay mining and Ruhr Zink GmbH. It is important to point out, that the process has disadvantages due to the contamination of the final concentrate with silica (in filtering) and the elemental sulfur with the concentrate (Chalkley et al., 1993).

The use of organic solvent to dissolve the elemental sulfur selectively is an alternative. It is announced the use of mixtures of water miscible and immiscible solvents in the effective dissolution of elemental sulfur from an aqueous cake (Hasebe and Yu, 1991).

The solubility of elemental sulfur in pure aromatic and the aliphatic hydrocarbons was obtained; the results show that sulfur has the highest solubility in toluene (Ren et al., 2011). Moreover, it is reported an 82 Wt. % of elemental sulfur extraction with the use of tetrachloroethylene as a solvent from a waste sludge (Wang et al., 2010).

Pia and Tuukka (2016) patented a process, which consist in: (i) dissolving elemental sulfur in a water-soluble organic solvent (diethyelene glycol), (ii) a first solid-liquid separation, (iii) a crystallization of the elemental sulfur, (iv) a second solid-liquid separation.

The CESL Process (Jones, 2002) treat copper–gold concentrates, involve a flotation step and elemental sulfur removal step using tetrachloroethylene. The elemental sulfur extraction by this method is 94.1 Wt. %.

In the present article, the characterization and mass balances results of a laboratory tests are presented to establish the parameters of a conceptual process for the extraction and recovery elemental sulfur from the chalcopyrite leaching residue by dissolution with organic solvent at low temperature. The proposal method consider the production of environmental stable residues and commercial products.

2. Materials and methods

2.1. Materials and equipment

The experimental tests were carried out at laboratory employing a 4 L glass reactor, a Caframo agitation system with a stainless steel shaft with 1 impeller with 4 blades at 45° and 4 baffles; for filtering, an 8 inches Buchner funnel with Whatman No. 4 filter papers and a 4 L Kitasato flask were used. For registering and monitoring temperature, a resistance temperature detector (RTD) was connected to a Graphtec data logger; for controlling temperature, a Corning ceramic digital hot plate was used. The Fig. 1 shows the arrangement of the reactor.

Fig. 1. Arrangement of the 4 L glass reactor.

The chalcopyrite leaching residue was supplied by Peñoles (Mexico), it was generated by a chalcopyrite leaching process with low oxygen pressure (1 kg/cm^2), low temperature (100 °C) and sulfuric acid medium. The initial and final samples were characterized by X-ray diffraction (XRD, Panalytical, Empyrean model), chemical analysis (CA, Plasma spectrometry ICP-EOS) and particle size distribution (PSD, Horiba LA 950 V2).

The kerosene, petroleum naphtha and tetrachloroethylene were purchased with a reactive grade. Table 1 shows the mineralogical reconstruction via XRD and CA expressed in terms of weight percentage (Wt. %) of the chalcopyrite leaching residue. The species converter module of the HSC 8.0.6 software developed by Outotec was used to perform these results. The CA and PSD are presented in Table 2 and 3, respectively.

Table 1. Mineralogical composition of the chalcopyrite leaching residue.

Compounds		Wt. %
Elemental Sulfur	S_8	62.8
Anglesite	$PbSO_4$	19.3
Quartz	SiO_2	5.5
Pyrite	FeS_2	5.7
Chalcopyrite	$CuFeS_2$	3.1
Gypsum	$CaSO_4$	3.3

Table 2. Chemical analysis of the chalcopyrite leaching residue.

Element	Ag g/T	Au g/T	Cu	As	Fe	Pb	S	S°	Se	Zn	Si	Ca
Wt. %	1067.3	3.36	1.1	0.08	3.65	13.2	69.7	61.4	0.12	0.25	2.6	0.97

Table 3. Particle size distribution of the chalcopyrite leaching residue.

Particle Size Distribution (μm)		
D90%	D50%	D10%
16.92	11.00	6.99

2.2. Experimental Method

The elemental sulfur removal process is composed by two stages: extraction and crystallization. For the latter, the variables kept constants for all the tests.

The extraction stage initiate with the addition of the dry chalcopyrite residue to the organic solvent previously heated in a 4 L glass reactor; then agitation velocity is adjusted to 333 RPM. After 1 h of reaction with a controlled temperature, the slurry is hot filtered to separate the organic solvent charged from the solid (lead concentrate), the latter is washed with hot fresh organic solvent. The organic solvent pass to the next stage to crystallize the elemental sulfur decreasing the temperature at 10 °C during 1 h with agitation velocity of 50 RPM. A second solid-liquid separation is carried out in cold; the elemental sulfur is recovered and the stripped organic solvent is recycled to the first stage. Fig. 2 shows the flow diagram.

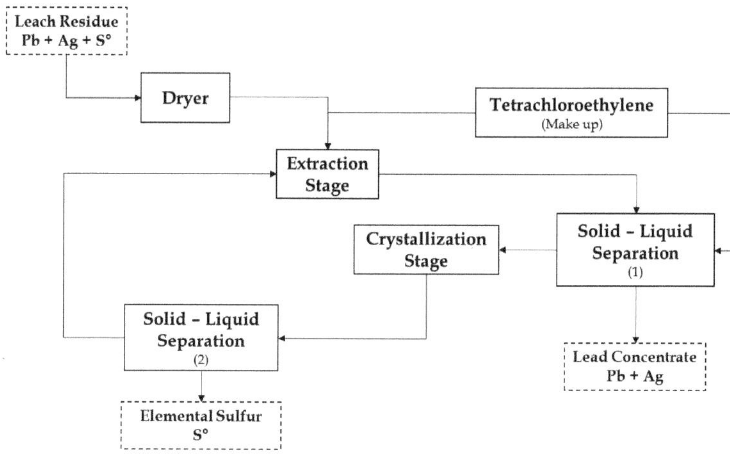

Fig. 2. Flow diagram of the elemental sulfur removal process.

3. Results and discussion

The tests were carried out with kerosene, petroleum naphtha and tetrachloroethylene as organic solvents. In Table 4, the experimental design of the extraction stage is shown in order to obtain the best parameters that maximize the elemental sulfur extraction and minimize the temperature and the volume of tetrachloroethylene. The ratio elemental sulfur to organic solvent was proposed according to the solubility curves in Fig. 3, which were determined by laboratory tests. The temperatures probed were proposed to be as low as possible in order to improve the current processes.

The crystallization stage was carried out at 10 °C, 50 RPM during 1 h for all the tests.

Table 4. Experimental design for the elemental sulfur extraction stage.

Test	Organic solvent	Temperature	Concentration S°/L solvent
1	Tetrachloroethylene	50	20
2		60	30
3		70	30
4	Kerosene	50	20
5		60	30
6		70	30
7	Petroleum naphtha	50	20
8		60	30
9		70	30

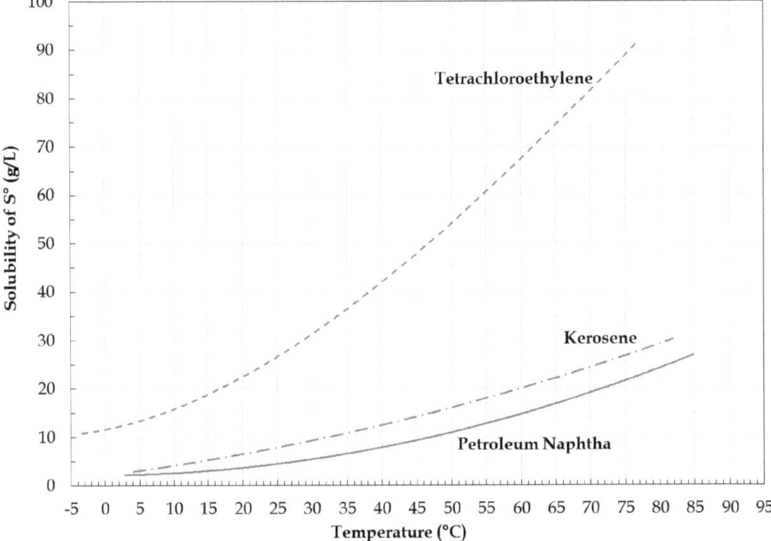

Fig. 3. Solubility curves of elemental sulfur in organic solvents.

As observed, the solubility of elemental sulfur in tetrachloroethylene is approximately 2 times greater than the kerosene and petroleum. As expected, the best conditions that maximize the extraction of elemental sulfur and minimize the temperature and volume of organic solvent were related with the use of tetrachloroethylene. The Table 5 show the conditions and results of the mass balances for all the tests.

Table 5. Conditions and experimental results of the elemental sulfur removal process.

Test	Organic Solvent	INITIAL			FINAL			
		S° (g)	Extraction Temperature (°C)	Ratio S°/L Solvent	Distribution of sulfur (Wt. %)			Extraction of S° (Wt. %)
					Lead concentrate	Solvent Recycled	S°	
1	Tetrachloroethylene	61.37	50	20	0.6	87.5	11.9	99.4
2			60	30	0.7	57.3	42.0	99.3
3			70	30	0.5	60.7	38.8	99.5
4	Kerosene		50	20	22.4	22.0	55.6	77.6
5			60	30	33.7	11.7	54.6	66.3
6			70	30	23.8	12.7	63.5	76.2
7	Petroleum Naphtha		50	20	46.8	16.5	36.7	53.2
8			60	30	52.3	8.6	39.1	47.7
9			70	30	39.5	10.5	50.0	60.5

The mass balance of the test No. 3 shows a 99.5 Wt. % of elemental sulfur removed from the chalcopyrite residue with 70 °C, 30 g S°/L of tetrachloroethylene at 333 RPM during 1 h. It is important to point out that the kerosene and petroleum naphtha can be used to extract elemental sulfur, nevertheless the volume or temperature required will be higher than the tetrachloroethylene. Moreover, the use of kerosene and petroleum naphtha requires a special facility with a non-explosive equipment and a high grade of security systems.

In all the cases, the experimental results for the extraction of elemental sulfur obeys to the solubility curves, hence the following equations can be applied to obtain the volume of solvent required for a specific temperature and quantity of elemental sulfur.

For tetrachloroethylene:

$$y = -6E\text{-}05x^3 + 0.0144x^2 + 0.2761x + 11.612 \quad (1.7)$$

For kerosene:

$$y = 0.002x^2 + 0.1767x + 2.1732 \quad (1.8)$$

For petroleum naphtha:

$$y = 0.0033x^2 + 0.0095x + 2.1786 \quad (1.9)$$

Where y is the solubility of elemental sulfur in the organic solvent expressed in g/L and x is the temperature in Celsius degrees.

The CA of lead concentrate and elemental sulfur are shown in Table 6; the XRD of lead concentrate and elemental sulfur are presented in Table 7 and 8, respectively. As observed, the synthetic lead concentrate obtained has a similar composition to those fed to the lead smelting plants according to Cheng et al. (2015), Burrows et al. (2015) and Wang et al. (2015). The elemental sulfur obtained can be commercialized as a raw material or can be used to separate the copper from the bullion, forming a matte dross after the reverberatory furnace in the lead smelting process (Prajsnar et al., 2015).

At the environmental perspective, any leach residue or waste treated by this process reduce the mass and the impact cause to the environment due to the elemental sulfur removal.

Table 6. Chemical analysis of the lead concentrate from the test No. 3.

Material	Elements Wt. %, g/t												
	Ag g/t	Au g/t	Ca	Cu	F	Fe	Pb	S	S°	SO_4	Se	Hg	Zn
Lead Concentrate	2,798.5	8.31	1.46	4.3	0.03	10.5	38.3	19.1	< 0.01	11.9	0.04	0.007	0.72
Elemental Sulfur	0	0	0	0	0	0	0	-	99	-	0.06	0	0

Table 7. Mineralogical composition of the lead concentrate from the test No. 3.

Compounds		Wt. %
Anglesite	$PbSO_4$	56
Quartz	SiO_2	12
Pyrite	FeS_2	14
Chalcopyrite	$CuFeS_2$	13
Gypsum	$CaSO_4$	5

Table 8. Mineralogical composition of elemental sulfur removed.

Compounds		Wt. %
Elemental sulfur	S_8	99
Other		1

A 10th test with the tetrachloroethylene recycled was carried out at 50 °C and 30 g of total S/L solvent with 45 min of residence time, the results were similar to the test No. 3 with above 99 Wt. % of elemental sulfur extraction. The Fig. 4 show images of the elemental sulfur and lead concentrate.

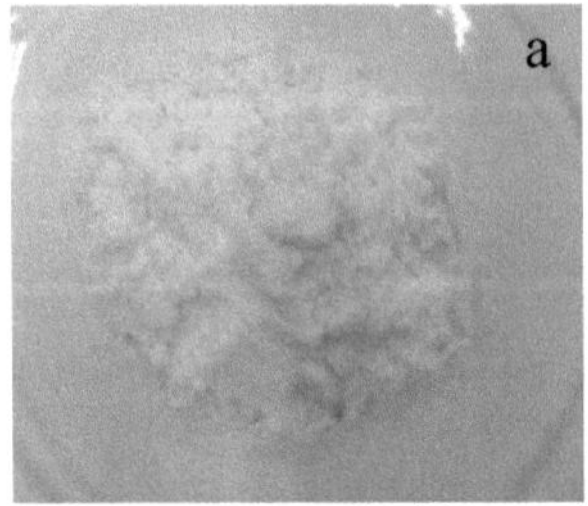

Fig. 4. Images of elemental sulfur (a) and lead concentrate (b).

The results obtained with this experimentation show that is possible to decrease the temperature of the current processes at 50 °C and to reach the 99 Wt. % for the extraction of elemental sulfur. Moreover, operative costs and environmental pollution are reduced since the use of low temperature decrease the decomposition or volatilization of the organic solvents, avoiding environmental and security issues that have to be attended to qualify with a safety operation. A comparative table with the parameters reported by different authors is shown in Table 9.

Table 9. Comparative parameters reported by different authors for the elemental sulfur removal process.

Authors	Material	Organic Solvent	Temperature (°C)	Residence time (min)	Extraction of S° (Wt. %)	Purity of S° (Wt. %)
Cháidez, et al., 2018 *(This article)*	Chalcopyrite leach residue	Tetrachloroethylene	50	45	>99	>99
Wang et al., 2012	Waste Sludge	Tetrachloroethylene	80	10	82	99.56
Jones, 2002	Cu-Ni leach residue	Flotation and then use Tetrachloroethylene	90-100	-	94.1	"Pure elemental sulfur"
Pia and Tuukka, 2016	Hydrometallurgical residue	Diethylene glycol	105	60	99	99.8
Hasebe and Yu, 1991	Aqueous sulfur cake	Tetrachloroethylene	100	-	20.3	-
Didier, 1988	Pyrite leach residue	Toluene or tetrachloroethylene	105	60	"Complete dissolution"	-
Tweeddale, 1944	Sulfur bearing ore	Kerosene	140	-	99	>99

4. Conclusions

The mass balances results show that more than 99 Wt. % of elemental sulfur can be removed and recovered from the chalcopyrite leach residue using recycled tetrachloroethylene as organic solvent rather than kerosene and petroleum naphtha in a two stage process: extraction and crystallization.

Different to the announced by other authors, the required temperature to dissolve more than the 99 Wt. % of elemental sulfur in the extraction stage is 50 °C, this reduce the operative costs and environmental pollution due to the decomposition and /or volatilization of the organic solvent.

Thus, the parameters that maximize the elemental sulfur extraction and minimize the temperature and volume of tetrachloroethylene were a ratio of 30 g S°/L, 333 RPM, 50 °C and 45 min of residence time; the parameters used in the crystallization stage were 50 RPM at 10 °C during 1 h.

The removal of elemental sulfur reduce the environmental impact of the chalcopyrite leach residue moreover the isolation of the valuable metals and the recovery of the elemental sulfur improve the profitable of the process.

The equation of the solubility curve for tetrachloroethylene is:

$y = -6E\text{-}05x^3 + 0.0144x^2 + 0.2761x + 11.612$

Where y is the solubility of elemental sulfur in g/L and x is the temperature expressed in °C.

The lead concentrate composed by gold 8.31 g/t, silver 2,798.5 g/t, lead 38.3 Wt. % and less than 0.01 Wt. % of elemental sulfur. The elemental sulfur recovered can be commercialized as a raw material, composed above 99 Wt. % of elemental sulfur.

References

BURROWS, A., AZEKENOV, T., ZATAYEV, R., 2015. *Lead ISASMELT™ Operation at Ust-Kamenogorsk.* Proceedings Pb-Zn 2015. 1, 245-256.

CHALKLEY, M.E., COLLINS, M.J., OZBERK, E., 1993. *The behaviour of sulphur in the Sherritt Zinc Pressure Leach Process.* International Symposium - World Zinc '93. Hobart, Australia.

CHEN, S., BERG, C., MANSIKKAVIITA, H., DEZI, W., RONG, Z., 2015. *Drying Blended Concentrates by Kumera Steam Dryer for Kivcet Lead Flash Smelting.* Proceedings Pb-Zn 2015. 1, 257-265.

DIDIER, A., 1988. *Procedimiento de extracción del azufre de minerales de hierro tratados por lixiviación oxidante.* Registro de la propiedad Industrial España No. 2,003,253.

HASEBE, N., YU, J., 1991. *Process and apparatus for purifying elemental sulfur carried in an aqueous cake.* United States Patent. No. 5,049,370.

JONES, D.L., 2002. *Process for the Recovery of Nickel and/or Cobalt from a Concentrate.* United States Patent No. 6,383,460.

MILBOURNE, J., MARCUS, T., GORMELY, L., 2003. *Use of hydrometallurgy in direct processing of base metal/PGM concentrates.* Hydrometallurgy 2003 – Fifth International Conference in Honor of Professor Ian Ritchie: Leaching and Solution Purification, TMS (The Minerals, Metals & Materials Society). 1, 617-630.

OLPER, M., MACCAGNI, M., SILVANO, C., 2007. *Process for the Recovery of Elemental Sulphur from Residues Produced in Hydrometallurgical Processes.* European Patent Appl. EP 1,860,065 A1.

PEACEY, J., GUO, X.J., ROBLES, E., 2004. *Copper hydrometallurgy: current status, preliminary economics, future direction and positioning versus smelting.* Trans. Nonferrous Met. Soc. China. 14, 560–568.

PIA, S., TUUKKA, K., 2016. *Method and process arrangement of separating elemental sulphur.* WO 2015086906 A1.

PRAJSNAR, R., CZERNECKI, J., GOSTYNSKI, Z., BIALY, R., 2015. *Recovery of lead in copper smelters of KGHM Polska Miedz S.A.* Proceedings Pb-Zn 2015. 1, 53-64.

RAPPOLD, T.A., LACKNER, K.S., 2010. *Large scale disposal of waste sulfur: From sulfide fuels to sulfate sequestration.* Energy. 35, 1368–1380.

REN, Y., SHUI, H., PENG, C., LIU, H., HU, Y., 2011. *Solubility of elemental sulfur in pure organic solvents and organic solvent–ionic liquid mixtures from 293.15 to 353.15 K.* Fluid Phase Equilibria. 312, 31-36.

TWEEDDALE, G., 1944. *Method of dissolving Sulfur from Ores.* United States Patent No. 2,409,408.

WANG, C., WANG, Y., ZHANG, Y., ZHAO, Q., WANG, R., 2012. *Reclamation of Elemental Sulfur from Flue Gas Biodesulfurization Waste Sludge.* J. Air & Waste Manage. Assoc. 60, 603-610.

WANG, C., YIN, F., GAO, W., MA, B., 2015. *The research and Engineering Practice of the Lead Oxygen-Enrichment Flash Smelting.* Proceedings Pb-Zn 2015. 1, 273-284.

Printed by Books on Demand GmbH, Norderstedt / Germany